天下·文化
Believe in Reading

臺中，邁向永續宜居的實踐計畫
啟動幸福方程式

以創新思維落實SDGs的城市治理，接軌國際

楊茲珺、胡芝寧 ──────── 著

CONTENTS

目錄

序

關於臺中，城市的溫柔　隈研吾 ⋯⋯⋯⋯⋯⋯⋯⋯⋯⋯⋯⋯⋯⋯⋯⋯ 6

為孩子留下幸福共融的環境　盧秀燕 ⋯⋯⋯⋯⋯⋯⋯⋯⋯⋯⋯⋯⋯ 12

用生活日常記憶臺中　李正偉 ⋯⋯⋯⋯⋯⋯⋯⋯⋯⋯⋯⋯⋯⋯⋯⋯ 15

前言

用幸福設計的城市 ⋯⋯⋯⋯⋯⋯⋯⋯⋯⋯⋯⋯⋯⋯⋯⋯⋯⋯⋯⋯⋯ 18

實踐計畫 1
打造有微笑曲線的永續城市示範區　28

低碳智慧創新，引領規劃的水湳經貿園區 ⋯⋯⋯⋯⋯⋯⋯⋯⋯⋯⋯ 30

智慧轉運中心，產業強力後盾 ⋯⋯⋯⋯⋯⋯⋯⋯⋯⋯⋯⋯⋯⋯⋯⋯ 40

中央公園接軌國際，打造優質生活 ⋯⋯⋯⋯⋯⋯⋯⋯⋯⋯⋯⋯⋯⋯ 48

實踐計畫 2
推動TOD都市發展，串起一座座微型城市　56

交通樞紐蛻變一日生活圈 ⋯⋯⋯⋯⋯⋯⋯⋯⋯⋯⋯⋯⋯⋯⋯⋯⋯⋯ 58

高鐵娛樂購物城再進化——公路版樟宜機場 ⋯⋯⋯⋯⋯⋯⋯⋯⋯⋯ 70

目錄 3

實踐計畫 3
重拾舊城的繁華歲月　　　　78

走一趟綠空鐵道，閱讀百年歷史　　　　80
借鏡國外，保存城市記憶　　　　90
臺中大車站計畫，翻轉城市軸線　　　　98
公私協力，老商圈重現生機　　　　106

實踐計畫 4
老屋重返青春，續說動人故事　　114

閒置眷舍大翻身，帶動在地經濟　　　　116
老屋拉皮整型，找回年少記憶　　　　124
專業輔導團，加速危老重建　　　　136

CONTENTS

目錄

實踐計畫 5

接軌世界，
兼具永續韌性城市美學　　144

大師聚焦，翻轉城市　　146

建築界的綠色革命　　152

都市空間設計大獎，創意解決環境問題　　162

綠帶串聯城市印象　　174

實踐計畫 6

風舞綠蔭，讓都市降溫　　182

水綠、遮蔭、通風、節能，緩解熱島效應　　184

蓋棟大樓，造一座山、一片林　　192

指認風廊，讓路給風　　200

實踐計畫 7

臺中社宅：比豪宅更好的好宅　210

- 栽下友善的種子，拉近人與人的距離 ……… 212
- 建置互助機制，補起社會安全網 ……… 222
- 迎合時代，打造新型態居家生活 ……… 228

實踐計畫 8

扶植社區永續共融，家更美好　236

- 樂居金獎，幫助社區凝聚共好意識 ……… 238
- 培力自治人才，為宜居之城扎根 ……… 246

附錄　臺中市整體空間發展規劃示意圖 ……… 252

序

關於臺中，
城市的溫柔

———— 建築師・**隈研吾**

　　每當造訪臺中，我總是感到輕鬆愉悅。不管多累，或行程有多緊湊，只要一踏入臺中市街道，心情就會開朗起來，笑容也會重新浮現。或許這要歸功於臺中市宜人的氣候，但更主要的原因是，臺中這座城市讓我感到幸福。

　　我認為，現今城市最需要的是「自然」和「時間」。20世紀的城市所需要的是「效率」和「密度」，然而今日社會，更追求的則是內涵和素質。

　　從這個角度來看，臺中市在「自然」和「時間」方面都得天獨厚。雖然親山、近海、臨川的城市不少，但要讓人感受到「自然」，就要認真仔細地思考，珍惜保護和這些山、海、川的關係，並持續守護與提升，只有這樣，人們才能真正感受到這座城市被

「自然」所賜予的恩惠。

「時間」也是同樣的道理。歷史悠久的「城市」雖然有不少，但要讓人感受到城市豐厚的歲月底蘊，僅僅擁有古老並不足夠，城市居民還必須珍惜在地歷史，日復一日地去愛護照顧這份古老，人們才能真正體會到「時間」的豐裕。

臺中市正是這樣一個底蘊深厚的城市，它不喜歡破壞，而是以溫柔的心情被持續保護與建設發展，累積出臺中的都心魅力。

例如，我最喜歡的一個地方，是根據1900年日治時期頒布的「臺中市區設計圖」規劃發展的古老城區。這個區域的總面積大約5平方公里，保留了臺中市役所、州廳、車站和零食店等歷史建築，當中我最喜歡的是部分棋盤式街道的設計，為了順應附近河川的流向，與南北軸成45度角，但這種偏移45度的棋盤式街道，並未延伸到這個區域的外圍。

首先，因為它是基於對河流這一「自然」的尊重，才會特別採用這種斜45度非常態性的棋盤式街道設計，並形成了臺中市的獨特風格；其次，未讓這種棋盤式街道的設計向外延伸擴展，則是因為之後進行都市計畫時，每次都能根據需要進行調整，這也「很臺中」。換句話說，無論是對待「自然」或是「時間」的方式，臺中市都很大氣、寬容且溫和。

世界上採取斜向45度棋盤式街道規劃聞名的，還有另一個我

序

也很喜歡的城市，就是西班牙的巴塞隆納。

巴塞隆納的海岸線方向因為與南北軸呈45度的斜角，為了尊重「自然」，城市的棋盤式街道順著海岸線，也同樣有45度角的偏移，並毫無疑問地為巴塞隆納帶來自由放鬆的城市氛圍。為了進一步讓偏移45度角的棋盤式街道規劃得更加人性化，甚至還採用將街角大幅度再切角45度的手段，透過45度的偏移加上45度街角內縮，直角的尖銳消失了，溫柔感也倍增。

在我設計臺中巨蛋時，也考量到要以柔軟的方式來回應這座城市的溫柔，因此選擇了圓形的設計，而且圓形的外立面並不是拒人於外的封閉牆壁，而是透光通風，甚至能聞到愉悅草香的通透帷幕。我認為這種柔和的形態，透光通風的帷幕，最能體現臺中市的溫柔特質。

至於臺中巨蛋的動線，則是透過地面緩緩上升的螺旋狀坡道設計，將大地這個自然元素盡可能地與場館之間緊密連結。這樣的設計，在面對城市、建築需要變得更親切宜人的時候，不僅符合臺中市的特質，也希望能為21世紀需要溫柔的世界，提供一個新建築、新城市設計的典範。

台中について

―――― 建築家・隈研吾

　僕は台中を訪れると、いつもほっとする。どんなに疲れていても、あるいはどんなにスケジュールがつまっていても、台中の街に足を踏みいれると、気分が晴れて、笑顔が戻るのである。台中のいい気候のせいもあるかもしれないが、それ以上に台中という都市が、僕を幸せにしてくれるのだと思う。

　今日の都市に最も必要とされるのは、「自然」と「時間」だと僕は考えている。20世紀の都市に必要とされたのは「効率」と「密度」であったが、今日では対照的な資質が求められるようになったのである。

　そのような視点の眺めた時、台中は「自然」とも「時間」にも恵まれている。山、海、川に近接する都市はたくさんあるけれども、「自然」に恵まれていると感じさせるには、その山、海、川との関係を大切に考え、守り続け、磨き続けて始めて、その都市は「自然」にめぐまれていると、人々は感じるようになるのである。

　「時間」についても同じことがいえる。古い歴史を持つ「都市」はいくら

序

でもあるが、その都市が「時間」の豊かさ、厚みを感じさせるためには、都市の人々が、その場所の歴史を大事にしてきたことの積み重ねがなければならない。単に古いだけではだめで、そこの古さを大事にするという日々の積み重ねがあって始めて、人々は「時間」の豊かさを体感することができるのである。

　台中というのは、そのように積み重ねられてきた都市であり、壊すことが嫌いで、優しい気持ちで守られ続け、作られ続けてきた都市である。その重層が台中という都心の魅力となっている。

　例えば僕の好きな場所の一つが、日本統治時代の1900年に公布された臺中市區設計圖制定に基づいて作られた古いエリアである。ここは旧市役所、庁舎、駅舎、駄菓子屋などの歴史的建築物が残る5km^{2}程度のエリアである。中でも僕が最も気に入っているのは、その部分の街路のグリッドが、近くの川の流れの向きに合わせて、南北軸から45度ズレていることである。そのエリアの外側にはこの45度グリッドは延びていかない。まず川という「自然」をリスペクトして45度という変則的なグリッドを採用したところが台中らしいし、またそのグリッドを外へ延長、拡張させずに、その後に行われた都市計画の度に、その都度自由に変えていったところも台中らしいと思うのである。すなわち、「自然」に対しても「時間」に対しても、台中らしく、大らかで、寛容で、やさしいのである。

　45度グリッドというのは、僕が世界でもう一つ気に入っている都市であ

る、スペインのバルセロナのものが有名である。バルセロナもまた、海岸線の向きが南北軸から45度ズレテいるので、その「自然」をリスペクトして、45度ずらしてある。それが、バルセロナという街のリラクシングで自由な雰囲気のベースになっているのは間違いがない。バルセロナでは、その45度グリッドを、さらに人間にやさしいものにするために、街区のコーナーを大きく45度で隅切りする手段も用いている。45度にもう一度45度が加えられることによって、直角の鋭さが消えてゆき、優しさが二重になっている。

　僕が台中アリーナをデザインしている時に考えたのは、この台中という都市の優しさに対して、僕もまた優しさで答えようということであった。丸い形を採用したのは、そのためである。しかも丸い形を形成している外側のファサードは、人を拒絶する閉じた壁ではなくて、光も風も気持ちのいい草の匂いも通す、つうつうのスクリーンなのである。この柔らかな形、つうつうで抜けのいいスクリーンこそが、最も台中の優しさにふさわしい解法であると僕は考えた。

　そしてこの丸いアリーナの動線は、大地から徐々にあがっていくらせん状のスロープで、大地という自然とアリーナとを、可能な限り、強く、しっかりとつなごうと考えた。その解法は、単に台中らしいだけではなく、21世紀の、優しさを必要としている全世界に対して、新しい建築、新しいアーバンデザインのモデルを提供することになればいいと考えた。都市も建築も、今こそ、もっと優しくならなければならないのである。

序

為孩子留下
幸福共融的環境

―――― 臺中市市長・**盧秀燕**

　　城市因人聚居而成，市民才是城市的主角。秀燕任職市長以來，對於城市治理始終秉持的原則就是把市民當成家人，要為家人打造幸福宜居的生活環境。

　　一個幸福城市必須滿足「家人」基本的生活需求，並在生活中享有安全、愉快、有歸屬感、有社交以及舒適的居住空間。臺中市政府針對市政發展提出十五項幸福政策，涵蓋基礎建設、經濟發展、社會福利和環境保育等各層面，從警政、消防、兒童安全、醫療、食安、防疫、身障及長期照護去建構安心生活的服務網。

　　在人口持續增長的情況下，臺中市面臨多元共融及永續的挑戰，完善的交通網絡、均衡區域發展尤其重要。經過市府團隊的努力，捷運藍線的綜合規劃、綠線延伸線的可行性研究都在2024年獲

行政院核定，藍線力拚2025年動土，未來透過都市規劃引導，以及公共建設的投入，可以帶動沿線地區發展及縮短城鄉差距，並進一步打造人本交通環境；三鐵共構的高鐵臺中站，更能憑藉轉運優勢成為中臺灣產業發展核心，連結地方、行銷國際。

　　臺中市幸福宜居政策也積極回應聯合國永續發展目標（SDGs），除簽署《臺中市氣候緊急宣言》、發表《2050臺中市淨零碳排路徑》外，兩度發表臺中市自願檢視報告（VLR），另為加速城市淨零轉型制定的《臺中市永續淨零自治條例》也經議會三讀通過，無論是通盤考量產業發展、氣候變遷的調適及資源循環利用等政策施行，都有所依據。

　　美麗宜人的居住環境是幸福城市的基本要件，臺中市政府近幾年致力於引風、增綠、留藍的政策施行，也透過各種獎勵辦法提升城市美學。每次看到市民在週末假日漫步綠園道、闔家悠閒地在公園裡野餐或沿著舊鐵道騎單車，讓人倍感欣慰。為了守護我們的下一代，城市一定要永續發展，留給孩子們幸福共融的成長環境。

　　臺中市的居住人口雖然相對年輕，但全齡照護一直是秀燕相當重視的一環，無論是育兒環境、公托服務、銀齡補助照護、全民運動，一定要提供健全的公共資源，才能維持良好的生活品質。

　　近年臺中市的公共建設有重大的進展，帶動產業發展的國際會展中心東側工程預計在2025年啟用，全臺首創圖書館與美術館雙館

序

共構的臺中綠美圖也已進入完工階段，可望喜事連雙同年開館。

另外，全臺唯一雙蛋設計的臺中巨蛋，也已突破多年障礙於2024年3月順利動土。三大指標的國際級建築勢必再度翻轉城市風貌，並促使文化、體育均衡發展，滿足市民對美好生活的期待，無論在精神或物質生活上同樣富足，幸福有感。

用生活日常
記憶臺中

—— 臺中市政府都市發展局局長・**李正偉**

　　認識臺中，透過兩個關鍵數字：一是兩百八十五萬人，截至今年7月的臺中市人口，在少子化的趨勢下臺中市逆勢成長，是全臺第二大城市，也是年輕人最想移居的城市；二是一百三十餘年，臺中市自清治時期初期規劃之臺灣省城迄今，相較其他城市，是座新穎又快速成長的年輕城市。

　　我在南投草屯出生長大，青少年時期就來到臺中就讀國、高中，深切感受到城鄉差距。老一輩的中部人所謂的進城，就是逛臺中中區的大大百貨、財神百貨、遠東百貨，臺中舊城的摩登熱鬧，我躬逢其盛，也是人生重要的生活記憶，而自市府基層承辦技士、科長、副總工、主祕等任公職迄今，看到時空條件轉變，各項城市發展管理、制度、法令等，須與時俱進。

序

投身政府單位服務多年，也參與了臺中市的變遷與成長，每一步都充滿挑戰與機會，而隨著縣市合併的來臨，這座城市面臨了全新的局面，這段歷程也讓我深深體會到城市發展變化的複雜與城市治理的意義，而這也讓縣市合併後之大臺中整體規劃，都市更新與城市成長、發展與永續、智慧與創新、韌性與低碳等，成為本局做為城市規劃者須面對的挑戰與任務。

依循《臺中市國土計畫》和各都市計畫主要計畫與細部計畫綱要目標的指引，及在成長總量管制與空間架構的指導下，我們不斷地重新思考空間資源的規劃與分配，並致力於推動城鄉均衡發展。同時，對公共設施進行全面盤點、強化基礎建設外，亦特別關注弱勢族群及青年移居的需求，推出更完善的社會住宅及住宅政策，期讓每一位在臺中的市民都能感受到這座城市的關懷與包容。

臺中市一直在不斷蛻變，從過去「生活首都」的願景，走向現今盧秀燕市長實踐的「幸福宜居城市」藍圖，我們不僅努力擘劃實踐臺中未來城市的理想樣貌，更積極響應全球關注的2050淨零碳排目標，努力讓這座城市更加宜居及永續。

透過本書的梳理，讀者可以了解近幾年臺中市政府在都市發展上的行動策略，包括走在時代尖端的水湳經貿園區、以大眾運輸為導向的城市規劃，以及如何建立宜居建築，讓公私協力，一同實現一建案、一公園的目標，提升城市綠覆率、增加固碳量；又如何透

過軟硬體設施的導入，讓社宅成為友善的鄰里空間，提供社福服務的場域，並引入公共藝術團隊與居民共同創造幸福的生活記憶，讓臺中之社宅成為比豪宅更好的「好宅」。

臺中市是一座年輕城市，仍有很多發展空間可以揮灑，必須有前瞻視野和格局之規劃引領，才能在理想藍圖下有機及永續發展，未來之城市宜居、韌性、智慧、永續低碳，以及軌道經濟等，將是我們必須一一面對的重要課題，而我們也將在盧市長帶領下，築夢踏實並打下堅實基礎。

熱切期盼，城市的集體記憶不僅有重大建設史，還有更多常民生活的食衣住行、柴米油鹽醬醋茶，回首讓人深刻體會這座宜居之城的幸福底蘊。

前言

用幸福設計的城市

20世紀享譽全球的英國都市規劃學者彼得・霍爾（Peter Hall），在其經典著作《明日城市》（*Cities of Tomorrow*）中深入剖析都市規劃的核心價值——它不僅僅引導資源與空間的分配，更是一門城市與區域發展的藝術，指引城市在全球化變遷的過程中走向最適合的方向。

臺中市政府以人為本，將臺中建設為獨具魅力的城市，並屢獲宜居城市獎項，在城市永續發展方面成果斐然。（圖片來源：臺中市政府都市發展局）

邁入21世紀，環境氣候的驟變、科技與人工智慧（AI）的快速發展，迫使許多城市重新思索都市規劃的方向。

地方文化的保存、自然生態的保護、產業發展、經濟成長，以及民眾生活需求，在全球化加速推進及聯合國永續發展目標（Sustainable Development Goals, SDGs）引領下，面臨前所未有的挑戰與機遇。

近年來，臺中市積極回應國際趨勢提出施政藍圖，包括2050願景計畫、十五項守護臺中幸福策略，引領臺中市成為以人為本、具有獨特魅力的城市，也是健康、創新、幸福、富強、宜居及永續的城市。

臺中市在2020年被全球化及世界城市網絡（GaWC）評為世界城市的Gamma級，為臺灣僅有的五個入榜城市之一；2024年從APSAA亞太暨臺灣永續行動獎評選中抱回二十四座獎項，並連續兩年從亞太地區眾多參賽城市中脫穎而出，獲得宜居永續城市獎Outstanding City的最高榮譽。此外，更屢次在全國性的評比調查中，拿下施政滿意度、宜居城市首獎。

無論是在全球舞臺上的卓越表現，還是城市永續發展的落實執行，臺中市都成果斐然。

2024年臺中市首度召開永續低碳城市及氣候變遷因應推動會，針對溫室氣體減量執行方案進行成果報告，用實際行動展現淨

零排放的決心。

臺中市市長盧秀燕強調，必須與時俱進地檢視施政計畫，以確實與聯合國永續發展目標連結，做為全國第二大城市，臺中市在永續發展行動上責無旁貸。經過政策盤點，臺中市在SDGs推動的對應指標已有一百四十多項。

都市計畫整併，導入永續

計畫引領城市發展，在都市規劃及設計上，臺中市當然也導入了永續發展的目標策略。

臺中市目前已經突破兩百八十五萬人，2021年臺中市政府公告實施《臺中市國土計畫》，以2036年為計畫年期、三百萬人的總量規模去擘劃在臺灣的定位與空間發展，從早年做為臺灣創意首都的定位，透過建築與國際接軌，讓世界看到臺灣，如今逐步朝著打造永續宜居、幸福城市的目標邁進。

臺中市政府都市發展局局長李正偉不諱言，從地理環境、自然資源、空間效率上去思考，臺中市最大的優勢就是位居臺灣中央，透過計畫引導、公共建設去確立這項獨特的城市特色，才有可能發展出新的未來。

臺中縣、市合併後，首先要面對的就是都市計畫的整併與資源重新分配。

以計畫引領都市發展,臺中市近年朝著打造永續宜居、幸福城市的目標邁進。(攝影:薛泰安)

　　合併後的臺中市原本總計有三十二個都市計畫,整併後成為十八個,包括七個特定區計畫及十一個市鎮計畫,透過各地區主要計畫的通盤檢討,可以盤點公共設施及基礎建設是否完備,並在保有區域定位、發展空間及環境永續的前提下,縮短城鄉差距、資源共享。

　　臺中市依據上位的國土計畫,對空間整體發展構想,確立出三大核心、六大策略區。

　　三大核心分別為原臺中市的「中部都會核心」、豐原山城地區的「山城核心」,以臺中港與臺中機場周邊的清水、沙鹿、梧棲串聯而成的「雙港核心」。

　　在此空間布局下,再區分出都會時尚策略區、轉運產創策略

區、水岸花都策略區、保育樂活策略區、雙港門戶策略區、樂農休憩策略區等六大策略分區，擘劃都市空間及區域各自的發展特性。

產業發展與環境永續之間如何尋求平衡，更是臺中市都市規劃引導城市發展的重要課題。

由於半導體及AI產業發展可能耗費巨量電力及搶水危機，臺中市政府創下全國先例，審議重大建設開發或設廠計畫，要求確保民

城市綠廊、綠帶可降低熱島效應，為都會的自然環境及永續提供解方。（圖片來源：臺中市政府都市發展局）

生用電及用水不會受到排擠，即便是護國神山台積電的中科二期擴建計畫，也未能例外。

　　審議過程不僅嚴格把關必須取得台電、台水函文保證，同時也要求中部科學園區管理局必須督促計畫區內最大地主興農育樂公司，輔導其高爾夫球場員工就業，以及維護會員球證的權益。

　　由於中科二期擴建計畫攸關臺灣高科技產業布局，開發完成後預計可創造近五千億元的年產值，提供四千五百個就業機會，對於臺中市政府要如何堅守立場可說是一大考驗。

　　然而經過多方溝通，最終仍取得經濟與環境共榮的共識，內政部已於2024年2月核定中科二期擴建都市計畫變更案，臺中市政府3月公告發布實施。

　　《臺中市國土計畫》也納入了永續發展理念，從空間角度強調土地利用的合理規劃與環境保護，研訂氣候變遷調適計畫專章，提出打造綠色城市經濟、建設低碳交通運輸、提升環境生態品質、永續循環資源利用、建構氣候變遷調適及參與國際氣候行動等六大面向推動策略。

宜居建築，提升城市綠化

　　聯合國在2015年宣布的「2030永續發展目標」，包括十七項核心目標及一百六十九項具體目標，全球各主要城市紛紛視推動SDGs

為治理圭臬。相較於過去以住宅、工業和商業區為主的土地使用方式，未來的重點將更加著眼於城市的成長管理與永續發展理念。

臺中市從新興的水湳經貿園區、規劃大眾運輸導向型發展（transit oriented development, TOD），再進一步透過容積獎勵、增額容積，以及都市設計審議機制，讓臺中市成為建築大師揮灑競技的舞臺，舊城得以再生，並以創新思維規劃城市綠洲、綠廊、綠帶，有效降低熱島效應，推動宜居建築，以垂直綠化擴大城市綠覆率，透過政策引導，打造共融共好的社宅、社區。

對此，本書集結八大實踐中的行動計畫，回應SDGs的城市治理，並為都會的自然生態及環境永續提供解方。

中部淨零大聯盟、臺灣綠色低碳協會理事長、國立陽明交通大學環境與職業衛生研究所教授郭憲文也指出，在都市規劃上，臺中市以具體的施政方針和指標，推動SDGs。SDGs的核心價值涵蓋永續發展、智慧城市、包容與多元、創新與競爭力、健康與福祉、教育與學習、安全與韌性及國際合作，臺中市施政不僅重視指標的制定，更注重行動計畫的實施，其成功經驗除了展示地方治理實現SDGs的具體路徑，也為其他城市提供了有價值的參考。

面對氣候變遷的影響，2050年淨零排放已成為國際永續發展重要趨勢，臺中市政府推動「永續淨零三部曲」，包括2021年簽署《氣候緊急宣言》、2021、2023年陸續發表《臺中市自願檢視報

告》，以及2022年公布《2050臺中市淨零碳排路徑》，積極制定的《臺中市永續淨零自治條例》也在2023年獲臺中市議會三讀通過，加速朝永續淨零的目標前進。

打造交通任意門

低碳城市的推動必須建立在便捷的交通上。臺中市的軌道及公路運輸系統發展計畫，以打造臺中「交通任意門」為願景，透過臺中港、臺中國際機場、臺中高鐵、臺中車站、水湳經貿園區等五大門戶及水湳、臺中、豐原、烏日四大轉運中心，串聯臺中市每個角落，讓市民得以享受便利的交通服務，帶動周邊區域發展，也減

軌道經濟是臺中市發展的重點，並期望結合四大轉運中心，提升整體公共運輸效益。（圖片來源：楊沛騏）

少能源消耗及空汙。

軌道經濟是臺中市發展的重點，2021年通車的捷運綠線載運量逐年提升，至2024年的日均運量已突破四萬四千人、月運量超過一百三十萬人，捷運藍線也獲行政院核定，未來橘線、紅線、屯區環狀線等多條捷運線路，以及往北至大坑、往南到彰化的捷運綠線延伸線都將陸續展開。

臺中市政府最期望的是五線齊發，輔以公車的無縫整合，一舉提升整體公共運輸效益，縮短交通時間，再透過都市規劃投入公共建設資源，引導人口、產業往捷運沿線發展，一方面可帶動城市邊陲發展，另一方面也讓人潮回流至城中，讓舊城再度活絡。

區域合作強化競爭力

城市的轉型需要時間，但更需要對的政策、方向和實踐。

未來的城市規劃需要更加靈活的策略，以應對科技進步和社會需求帶來的新挑戰。這也意謂著，都市規劃需要不斷更新知識和方法，探索新的規劃理念和工具，以創造出既能促進經濟發展，又能提升市民生活品質的城市環境。

臺中市的城市治理理念和實踐，以「新國際門戶、幸福宜居城」為願景，從國土計畫、區域計畫宏觀布局，鏈結周邊城鄉發展，肩負推動臺灣中部區域產業發展與國際接軌的使命。

全球化的浪潮下，國際主要城市發展早已脫離獨善其身的階段，唯有區域合作、計畫引導和政策統整，在經濟發展與環境保護之間取得平衡，才能共同推動城市的永續發展，建設一個宜居、韌性且具有未來競爭力的幸福城市。

實踐計畫 **1**

SUSTAINABLE URBAN SHOWCA

打造有微笑曲線的永續城市示範區

SE

都市計畫是一套引導改變的過程。
具前瞻且適當的規劃才能營造好的城市及生活，
而引導過程必須與地方文化、自然生態及民眾需求相契合。
水湳經貿園區一開始就確立了「永續智慧城市」的發展願景，
這處原為水湳機場的再開發區，被譽為臺中市核心地區的最後一塊寶地，
在《臺中市國土計畫》中以「都會時尚策略區」為定位，
引領臺中市產業聚落，
在2050淨零排放政策中，更成為低碳城市的重要示範區，
憑藉前瞻性的規劃理念和實踐策略，為城市發展帶來創新契機。

低碳智慧創新，
引領規劃的水湳經貿園區

隨著全球氣候變遷與城市化進程的加速，如何在擴展城市的同時，保持環境的永續發展，是現今城市規劃的一大挑戰，無論在空間規劃與土地使用上都必須創新思維。

中央公園為全臺最大的都會公園，除了是市民休閒的好去處，同時兼具調節氣候與生態保育等機能。（攝影：薛泰安）

 打造有微笑曲線的永續城市示範區

　　都市化進程持續加速，面臨的人口增長、交通阻塞、環境汙染及資源短缺等問題與挑戰愈來愈複雜。於是，將城市空間的使用效率與永續性置於規劃核心，成為現代城市發展的重要策略，機能導向的都市規劃也因此應運而生，臺中市水湳經貿園區堪稱代表。

　　面積達253.34公頃的水湳經貿園區，原址是1936年建成並投入使用的水湳機場，正式啟用後，地理位置的優越性為區域價值奠定良好基礎，成為當時臺灣重要的交通樞紐。然而，隨著城市發展和交通需求的變化，機場遷建至清泉崗，水湳機場也於2004年關閉。

　　「當時水湳大約有三分之二的土地都屬於公有，最先想到的就是要有一個大公園，以及很多的實驗住宅，」龍邑工程顧問公司執行總監、都市計畫技師王翠霙表示，水湳機場確定要搬遷之後，臺中市政府初步就以未來二十五年的發展著手計畫。縣市尚未合併之前，水湳的區位偏向舊臺中市的邊陲，但是就整個大臺中而言，卻又有緊鄰高速公路交流道的優勢。

　　「計畫就是把未來可能的需求找出來，先定性、定量，再去思考土地發展未來走向。水湳位在都會區的核心，交通便利，完全具備成為城市門戶的充足條件，」王翠霙進一步說明。

　　水湳機場關閉後，這片占地面積廣大的土地該如何充分再

利用，成為臺中市永續發展的重要關鍵。

2003年臺中市政府便提出了水湳經貿園區的構想，2007年啟動擬定都市計畫作業，2016年完成第一次都市計畫通盤檢討，之後歷經區內重大公共建設、《臺中市國土計畫》的再定位，現已進入第二次都市計畫通盤檢討。

計畫走在時代尖端

根據臺中市政府都市發展局「水湳機場原址整體開發區細部計畫」第二次通盤檢討公告資料，水湳經貿園區在草案研擬過程中，即依循「低碳、智慧、創新」的城市發展目標，以機能為導向的開發方式規劃出四大專用區，包括國際經貿園區、生態住宅區、文化商業區、創新研究園區，而全臺最大的都會公園——中央公園則提供市民休閒，且兼具調節氣候及生態保育等機能。

無論是2021年4月公告實施的《臺中市國土計畫》，或是臺中市2050淨零碳排政策，均將「水湳經貿園區」定位為引領臺中市產業聚落發展，以及成為低碳城市重要的驅動引擎，配合臺中市市長盧秀燕一直以來的重要政見「引風、增綠、留藍」，期望水湳可以成為全市的「低碳示範區」，因此在規劃上打破了很多傳統思維。

「三分之一大學，三分之一公園，三分之一經貿，」王翠霙表示，當初做水湳經貿園區都市計畫，主要是認為大學是知識匯流的

地方,創研機構應該緊鄰大學城,旁邊還有國家中山科學研究院,「希望研發、新創,或是企業總部能靠近學校。」

其中,中國醫藥大學水湳校區占地約16公頃,聘請美國SOM建築師事務所,以智慧大學概念進行整體規劃,校區內多棟建築也都取得了智慧建築、綠建築、低碳建築標章認證。

水湳經貿園區北鄰環中路,西側緊鄰國家中山科學研究院、漢翔公司、僑光科技大學及逢甲大學;南界以河南路與「公51」公園用地為界;東接整體開發單元八細部計畫區,近67公頃的中央生態公園則位在核心。

沿著港尾溪兩岸,以綠建築、景觀綠廊規劃為生態住宅區,打造永續生活為理念;園區中段與逢甲大學校區相鄰地區,主要以發展大學城為目標;鄰近中國醫藥大學水湳校區的創新研究園區,則規劃為研究機構、創研中心、人才培育中心的發展用地。而文化商業區距離中央公園最近,是結合休閒、精品商業、商務旅館等產業,以文化及創意服務為主的區塊。

北側緊鄰國道1號高速公路及臺74線,面積約22.92公頃,規劃為水湳轉運中心、國際會展中心、臺中流行影音中心、臺中綠美圖等重要公共建設,以及國際級旅館、企業總部、金融中心的國際經貿園區;而面積約為臺北市大安森林公園2.58倍,被譽為臺中之肺的中央公園名副其實位居核心,未來水湳的管理中樞──臺灣智慧

「引風、增綠、留藍」，為臺中市創造更宜人的生活環境。（圖片來源：臺中市政府都市發展局）

營運塔原址則坐落公園內。

臺中市政府都市發展局局長李正偉說：「水湳有非常清晰的發展方向，而且透過嚴謹的都市計畫管制，希望打造一個高品質的生活環境。」

逢甲大學副校長、建築專業學院院長黎淑婷也分析，水湳經貿園區自規劃之初，就確立朝打造成永續智慧城市的方向前進。

臺中市 2020 年啟動「臺中 2050 願景計畫」，以健康（health）、魅力（opportunity）、便捷（mobility）、創新（entrepreneurship）、活力（people）、宜居（livable）、智慧（ubiquitous）及永續（sustainability）八大核心價值為主張，但早在啟動願景計畫之前，水湳經貿園區就已將低碳、智慧、永續概念納入都市計畫，全世界已經走到了人工智慧的時代，而水湳在計畫之初就走在時代尖端。

「要打造一個現代化、國際化的永續智慧城市,透過推廣綠色建築技術,減少能源消耗和汙染排放,都是一定要做的事,」黎淑婷表示,臺中持續推動「藍天白雲行動計畫」,針對固定、移動、逸散等空氣汙染源擬定改善對策,並滾動檢討及修正。「現在只要天氣好,抬頭如果看到藍天,都會感嘆怎麼那麼美,甚至還會拍下天空和朋友分享。市政府的努力,我們臺中人真的超有感。」

實踐多項永續發展目標

水湳經貿園區的發展,從歷史脈絡到未來的發展目標,都體現了永續發展的理念。原水湳機場行政辦公中心的「基中大樓」、物料補給修護的「後勤大樓」,以及「宿舍」在2006年登錄為歷史建築,之後變更名稱為「水湳機場營舍」,都將重新規劃再利用,交由中國醫藥大學管理維護。

「從一開始水湳經貿園區就設有開發總顧問及開發推動小組,相較於一般的都市計畫等於更上了一個層次,」王翠篔表示,除了保留歷史建築,原機場內的老樹也全部區內移植到中央公園,基本上所有方案都是以高規格的示範或是試驗區方向思考。

「打造現代化、國際化的富強城市及永續生活是臺中都市發展的願景,也與聯合國SDGs核心概念一致,」盧秀燕指出,水湳經貿園區可以發揮示範作用,成為臺中第一處實踐建築能效1⁺等級(近

零碳建築）的都市計畫地區，不僅優先於國家發展委員會所公布的《2050淨零排放路徑》，在《2021臺中市自願檢視報告》也揭示，水湳經貿園區已可達到「SDG6淨水及衛生」、「SDG7可負擔能源」、「SDG8就業與經濟成長」、「SDG9工業、創新基礎建設」、「SDG11永續城市」、「SDG13氣候行動」等永續發展目標。

根據聯合國《2030議程》，促使各國政府針對永續發展指標進展進行定期的審查，即是「國家自願檢視報告」（Voluntary National Reviews, VNR）的理念，特別強調所有的目標，最終都還是要回到當地的狀況。

國立陽明交通大學環境與職業衛生研究所教授郭憲文表示，「國家自願檢視報告」是世界各國政府檢視交流與實施SDGs的進度，「地方自願檢視報告」（Voluntary Local Reviews, VLR）則是城市實踐、衡量在地化SDGs的指標，和地方政府的能力及政策相關。

郭憲文指出，臺中市VLR的特色，除了強化市府施政方向、策略與SDGs的連結，在SDGs目標的盤點上，也另增列永續發展亮點績效與水湳低碳智慧示範區專章，顯見水湳做為明日城市示範區的重要性。

極端氣候對日常生活的影響逐漸擴大，與全球一起面對氣候變遷、永續發展的共同處境，臺中在明日城市的概念上，提出了國際同步的解方。

公共建設先行，也是水湳經貿園區一大特色。

「一般新興開發區都是先做土地開發，第二步是公共建設，最後才是大眾運輸，」王翠槐說，水湳則是政府先投資土地，打造公共建設，再做標租、標售、設定地上權。「中央公園的建設比一般公園多了三、四倍，所有的道路共管，基礎建設先完成，公共建設也陸續完工，接著私人建設才會進去，整個配套完整。」

做好資源再利用基礎建設

根據功能需求進行空間配置，不能只是考慮土地的經濟價值，還要綜合考慮居民的生活品質、交通便利性及環境影響等因素。

「以景觀規劃為例，之前有參考美國曼哈頓景觀天際線的規定，」王翠槐表示，中央公園微笑半月形文化商業區，有漸進式、不同樓層絕對高度的管制，其中，部分文商區參考日本表參道的設計，五樓以下必須商業使用，中間有林蔭大道、形塑精品街概念，讓整體開發在強度、配置上都被賦予一定的功能性與永續性。

水湳經貿園區除了中央公園，還有水湳智慧城地下停車場、水湳水資源回收中心等基礎建設。其中，臺中國際會展中心、臺中綠美圖可望在2025年對外開放，臺中流行影音中心、水湳轉運中心則預計在2026年營運。未來希望透過立體連通的方式，把幾個重大公共建設串聯起來，借鏡臺北信義計畫區的模式，吸引人潮進來。

「水湳和以前傳統計畫的差別,在於一開始就是透過一個都市模型,大家實際進到這個模型裡面,從量體、景觀、高度還有日後使用效率等方向思考與計畫,再回過頭去訂定管制規定,」龍邑工程顧問公司業務副總經理、都市計畫技師廖嘉蓮表示,林蔭大道的樣貌、商業街建築樓層高度、量體該怎麼做,當時都有先做模型、模擬,經過討論才訂成規定。

臺中國際會展中心為水湳經貿園區的重要建設之一,也是未來產業發展接軌國際的有利平臺。(攝影:薛泰安)

水湳經貿園區強調區域多功能的設置，注重產業發展、生活便利性和舒適性，以應對城市發展中的不確定性和變動需求，並且在規劃過程中，通過合理的綠地設置、環保建築和資源循環利用等措施，實現城市與自然環境的和諧共生。

接軌國際邁向永續

「第二次通盤檢討時，有很多與時俱進的想法加進來討論，除了增加建築效能的想法，市政府也希望推動共享車位，」王翠𩕃說，預留足夠的綠化空間，減少移動車輛，目的是希望改善城市的微氣候和居民的生活品質。「當然，新的想法也會比較容易遇到反彈，這些都是必經的過程。」

王翠𩕃表示：「從一開始，水湳就是從接軌國際趨勢出發，甚至比SDGs更早開始談論永續。」水湳的都市計畫主要就是在回應環境、社會產業發展、居住相關的議題，使用分區也是以交通環境、地理位置去形塑幾個主要軸線，再透過中央公園串聯。

「早期規劃多少受到當時生態城市、韌性城市的概念影響，」王翠𩕃指出，當年規劃團隊有前往歐洲瑞典馬爾默（Malmö）、德國漢堡（Hamburg）等城市進行考察，馬爾默主要強調的就是與水共生，聯合國也正在推動生態城市，剛好在臺灣就有一個機會，可以讓我們在水湳實踐。

智慧轉運中心，
產業強力後盾

臺中市位在臺灣南來北往的中心點，一直以來在城際運輸轉運節點的角色上，擁有重要的地位。水湳轉運中心做為水湳經貿園區及臺中市的主要交通門戶，從智慧交通發展策略方向出發，將成為產業、經貿發展強力後盾。

臺中市轉運中心與節點

圖例
- 轉運中心
- 高鐵
- 台鐵

日本交通環境是形塑低碳生活的基礎，提供高效率的運輸服務與管理系統，則是智慧生活的實踐。

水湳轉運中心位在水湳經貿園區的東北角，北鄰環中路、南面經貿九路、西接中科路、東至經貿路，鄰近國道1號大雅交流道、臺74線北屯一、北屯二匝道，與三鐵共構的烏日轉運站正好分據南、北，形成南烏日、北水湳兩個重要交通節點。

「在實踐市政願景『前店、後廠、自由港』富強城市的三大策略中，臺中國際會展中心扮演了『前店』的重要角色，轉運中心則肩負將臺中市與彰化、南投、苗栗等地區緊密相連，促進中部區域整體發展的重責，」臺中市政府都市發展局局長李正偉指出，臺中市有許多機械精密產業，國際會展中心可以做為引領臺中市經濟增長的國際化窗口，轉運中心則能提高人流、物流效率，帶動周邊地區經濟及商業發展。

「水湳轉運中心因為鄰近國道1號大雅交流道，往來西部走廊各城市及臺中市各區都非常便利，不但是西部走廊國道客運的轉運樞紐，更是未來北臺中城際旅運與市區接駁的轉運核心，」臺灣軌道經濟發展協會、中華民國運輸學會理事暨逢甲大學智慧運輸與物流創新中心副主任鍾慧諭表示，水湳轉運中心配合水湳經貿園區的發展，成為地區轉運核心，除了整合城際國道客運與多元的區域接駁運具之外，未來還有機場捷運橘線

能直接轉乘。

水湳轉運中心鄰接國道及快速公路，便捷快速的公路服務是主要優勢，但如何管理車輛使用將是水湳經貿園區最大課題。因此，如何透過運行中的中彰投聯合交通協控系統監控車流，有效管理道路及停車場使用，並進一步優化公共運輸服務，整合資訊的智慧治理系統，是水湳轉運中心因應未來發展的重要工具。

鍾慧諭進一步指出，水湳綠色運輸系統的基本架構是優先處理停車減量及攔截議題，以落實發展公共運輸；並明確定位道路功能與路權分配來實踐人本環境、導入多元低碳及共享運具等策略，「提供民眾便利的服務，提升管理效率、降低成本，靠的是智慧治理，水湳經貿園區則是最佳實踐場域。」

轉運空間預留未來串聯需求

水湳轉運中心位於水湳經貿園區最北端，基地面積約3.35公頃，建築規劃為地上四層、地下三層的複合式空間，提供42席國道客運、12席公車月臺，以及614席汽車、1,253席機車、604席自行車停車空間。

為加強整體綠化及節能減碳，轉運中心將太陽能板融入屋頂設計，「在地理位置及交通節點的意義上，有如園區的北極星一般，指引遊子返鄉的路途，」臺中市政府都市發展局綜合企劃科科

興建中的水湳轉運中心,加強整體綠化及節能減碳,將成為大臺中地區低碳示範基地。(攝影:薛泰安)

水湳轉運中心為全臺中市首例全太陽能屋頂建築,並將加強整體綠化及節能減碳,希冀成為大臺中地區低碳示範基地。圖為水湳轉運中心模擬圖。(圖片來源:臺中市政府都市發展局)

長江日順指出,其獨特的立體動線系統,讓旅客除了可以從地面層進出轉運站,也能透過寬敞的大階梯直達二樓國道客運月臺。

　　「轉運站公園化」概念也是永續城市的創新想法,將大客車車道設在建築外部,並將建築外觀垂直綠化,讓整座站體猶如置身自然之中,一舉解決舊式轉運站採光及通風不良、站體封閉等問題。

　　這座全臺中市首例全太陽能屋頂建築,不僅具備立體動線和

妹島和世與西澤立衛聯手設計、完整呈現「公園中的圖書館,森林中的美術館」概念之臺中綠美圖。(圖片來源:臺中市政府都市發展局)

公園化設計，還擁有智慧管理系統，希冀成為大臺中地區低碳示範基地，契合都市綠能指標的創新設計。

預留彈性空間也是水湳轉運中心的特色之一。轉運中心地下停車場預留與機場捷運橘線穿堂層連通的空間，未來旅客可以在此直接轉乘機場捷運；二樓、四樓及地下停車場還預留了與園區商業大樓連通道的銜接口，甚至為大客車專用道銜接國道1號預留空間，未來大客車可透過專用道直接銜接國道，避免進入市區道路，減少車流壅堵。

水湳轉運中心建築內部更融入了智慧停車系統、膠囊式司機休息室、行控中心等設計，並預留大客車智慧充電設施的空間，結合基地周邊的國際會展中心、臺中綠美圖、中央公園、臺中流行影音中心等公共設施，將具體實踐低碳、智慧化的轉運機能，其建築也榮獲了「2022年國家卓越建設獎最佳規劃設計類卓越獎」。

透過環境設計改變行為

綠色交通是交通管理願景的主軸，期待能降低市民對機汽車的倚賴及環境負荷，形塑自行車、步行為日常活動的低碳運輸工具；另一方面也應用科技，提升服務品質與管理效率，進行環境監控，提升安全防災、節能減碳效益。

王翠霙表示，臺中市民目前出門，還是習慣自己開車或騎車，

水湳經貿園區做為低碳智慧示範城市，在市區道路的設計規範上也因此有所對應，以提升大眾運輸利用率。「水湳當時的道路配置，一半的空間留做綠化人行道，留給車走的另一半就只有車道，不留路邊停車。也有提出交通攔截圈的想法，以巡迴接駁車、捷運、公車等系統代替自行開車。」

「除了自行車，共享機車、共享汽車也是趨勢之一，都是希望能降低私人運具的使用率，」逢甲大學智慧運輸與物流創新中心主任林良泰表示，水湳轉運中心可以為園區私人運具設立攔截點，轉運中心也在地下層預留未來與機場捷運橘線出入口的銜接空間，並逐步推動接駁路線，串接水湳經貿園區各場館及捷運綠線車站，做為園區的聯外交通樞紐。

「水湳道路設計的目的，就是希望能透過環境改變行為，讓來的人覺得開車不方便，所以不開車來，因為不好停車，最好都搭乘大眾運輸，」逢甲大學副校長、建築專業學院院長黎淑婷說，「人的習慣並不容易改變，這個想法雖然目前還是受到很大的挑戰，但是只要開始做了，有朝一日就能實現。」

高效交通提升城市管理與品質

隨著產業發展，將逐漸承擔更大交通流量的轉運中心，勢必會成為支撐區域經濟發展的關鍵設施。

「水湳經貿園區智慧交通轉運中心的建設和運營，是臺中市推動智慧城市發展的重要組成部分，」鍾慧諭說，通過引入整合的智慧交通管理技術，轉運中心可以為市民提供更加智能和高效的交通服務，提升城市的管理和服務品質。

尤其水湳轉運中心鄰近中央公園、國際會展中心及臺中綠美圖等公共建設，配合目前臺中市政府規劃「水湳會展與轉運中心周邊立體通廊先期規劃案」，未來有立體空廊將串接北側各重大建設，除了提供安全及流暢的立體動線，也有助於各場館停車空間的相互支援。

無論是綠化、公共設施、智慧服務或是產業發展，水湳從規劃之初就充滿使命感，待公共建設主體陸續完工後，就能將人本環境、立體連通環境及更好的大眾運輸條件串聯起來。

水湳經貿園區以創新的思維，展示了都市計畫的新方向，也回應國際趨勢以人為本的概念。

中央公園接軌國際，
打造優質生活

以紐約曼哈頓中央公園為發想概念的水湳中央公園，是整個水湳經貿園區最早確定的公共建設，完全打破傳統公園輪廓與計畫面積的比例原則，讓水湳的規劃注定受到矚目。

中央公園占地超過水湳經貿園區四分之一面積，不僅創下臺灣首例，也為臺中市民留下生活休閒的好去處。（攝影：薛泰安）

中央公園面積約67.34公頃，超過全區253.34公頃的水湳經貿園區四分之一面積，創下臺灣首例。

　　「整個水湳經貿園區的設計主軸，可以說就是從中央公園出發。設計師提出彎曲公園設計的時候說，就像是紐約的中央公園一樣，裡面可以規劃很多公共設施，」龍邑工程顧問公司執行總監、都市計畫技師王翠霙回想當年，法國景觀設計師凱瑟琳・莫斯巴赫（Catherine Mosbach）操刀設計的中央公園，以形塑微笑曲線的方式被放在水湳經貿園區的核心，讓眾人感到不可思議。

　　但公園以線性、彎曲的型態設計，可以規劃更多的節點，每個節點又能延伸不同型態的活動，王翠霙強調：「這樣的公園非常具有識別性，從空中往下看便能清楚地知道，這就是在臺中的水湳經貿園區。」

　　建於19世紀中期的紐約中央公園，自建成以來，一直是市民重要的休閒及社交場所。公園內的湖泊、草坪、森林、花園、步道等自然景觀，以及動物園、音樂劇場和博物館等多種文化娛樂設施，無論是日常跑步、滑冰、划船，還是參加各種文化、娛樂活動，都成為紐約市民日常生活中不可或缺的一部分。

　　做為都市的綠肺，除了休閒、娛樂的都市避風港角色，紐約中央公園對城市經濟的貢獻也不容小覷。公園內的各種活動

促進當地的文化和旅遊產業，除了來自全世界的遊客，為城市帶來可觀的經濟收益，周邊的豪華住宅和商業地產，也以距離中央公園的遠近產生不同的價值，成為全球房產指標。

水湳的中央公園如同紐約的中央公園，不僅是一片綠意盎然的土地，更是一個象徵城市活力與創新的地標，雖然規模和歷史背景與紐約公園不盡相同，但是在規劃設計、居民生活、經濟發展和城市永續方面，一樣都對城市有顯著的貢獻。

從景觀設計調節微氣候

水湳經貿園區在規劃之初，就已經確定以中央公園為核心，將各個不同區域連結在一起的發展概念。

「除了要像紐約中央公園一樣有很多文化設施，從都市設計的概念來看，公園是平的，希望能在視覺上有一些地標建築。再以人工地盤、綠色基盤、立體連通等方式，將建築與公園結合起來，」龍邑工程顧問公司業務副總經理、都市計畫技師廖嘉蓮表示，水湳經貿園區的公共工程、建築大多採用國際競圖的方式，就連中央公園也是。

「莫斯巴赫提出了很多生態及因應氣候的設計構想，利用包括水文、地形、土壤等地面紋理結構，結合溫度、濕度及空氣汙染等因子的大氣條件，要從設計上讓公園發揮除濕、降溫、抗汙的功

效。他把城市比喻為家,這座公園就像是家裡的客廳,希望市民都能走到城市的戶外客廳坐坐。」

中央公園內有106種喬木,數量到達一萬棵以上,原生樹種占了83%,也保留整個水滴經貿園區一千多株既有樹木,呈現多樣化且適合生物棲息地的都市綠洲,也提供市民充滿綠意的休憩環境。園區以顏色區分三條步道,藍色為彈性鋪面的運動步道、灰

中央公園融合智慧科技與各種感官體驗設施。(攝影:薛泰安)

中央公園內地形多變,能在乾雨季具備不同功能。圖為抹茶湖。(攝影:薛泰安)

色為柏油鋪面的無障礙親子步道、紅色則為混凝土鋪面的休憩步道,另外還設有太陽能電板、智慧檢測裝置,以及五座滯洪池排水防洪。

「開發整理過後,當然比以前看起來舒服整齊,」從小就住在水湳附近的市民許曉華認為,近幾年對於經貿園區的發展感受最深刻的地方在於「變得整齊」,但她也坦言,對於公園內上萬棵原生植栽,結合綠色能源的設計概念,並利用地面停車場的垂直空間,以遮棚方式設置高達1萬平方公尺的太陽能光電板,這些水湳經貿園區在綠能科技上的重要成績,比較不清楚。

「我和很多朋友都覺得,不要塞車、好停車,一般民眾可以使用的公共設施好好維護最重要,」不過許曉華很認同綠電、植栽對環境有正面的影響。

「抹茶湖可以看到科湳愛琴橋，晚上很漂亮，」熱愛路跑，在逢甲商圈居住超過三十年的王凱莉認為，中央公園綠化面積很大，第一次去是因為參加路跑比賽經過，原本對於中央公園沒有特別感受，因緣際會在社群上與狗友相約一起去玩過後，變得非常推薦。「城市裡的大毛孩能有一個設備友善、安全的大公園可跑，是一件很棒的事。」

科技運用能源自給自足

中央公園的景觀由北往南自然延展，公園的地貌與城市交織，在某些區域，人工地盤如同大地的延伸，覆蓋住部分交通路網。多變的地形，在雨季時巧妙地將水流引導至滯洪區域，而在乾季，這片空間則搖身一變，成為多功能活動的理想場所，供市民使用。

公園內還有各項智慧設施，如公廁QR-Code通報系統、智慧停車、智慧路燈、智慧澆灌、緊急通報服務、安全監視、機電設備遠端監控、資訊服務網、園區導覽系統App、各種設施電力系統監控、滯洪池水位偵測及園區WIFI系統建置等設備，都可以透過中央監控系統完成智慧整合。藉由太陽能光電板發電系統設置，成為能源自給自足的生態公園，也實踐能源永續的設計概念。

在綠色空間保護、智慧、永續生活規劃上，水湳中央公園皆與國際接軌。

「紐約中央公園對紐約市的貢獻，不是只有綠肺。重要的是，生活、休閒、文化、經濟，各方面對城市發展都是好的，水湳中央公園也是如此，」逢甲大學副校長、建築專業學院院長黎淑婷表示，水湳經貿園區以國際競圖方式邀請國際大師策劃，公共建設規格比照國際場域，加上腹地廣大，成功地讓舊機場用地再生利用。

生態公園、綠色廊道，促進生物多樣性和環境保護等規劃，

中央公園導入永續設計概念，重視環境保護及生物多樣性。（攝影：薛泰安）

配合智慧城市應用技術和綠色建築，水湳經貿園區的整體開發與聯合國城市永續發展多項目標得以一致，臺中市政府的政策引導、挹注，幫助很大。

國際接軌

由地區到城市的改造計畫

強調永續發展、循環經濟是現代都市設計不可忽視的基礎。

瑞典第三大城馬爾默，是北歐最早工業化的都市之一。1995年市政府發起改造工程，遵循瑞典著重的「Ecovillage」經驗，填海造陸、進行地方各項永續計畫，許多民眾、NGO及企業共同參與建立Bo01住宅示範區。永續計畫包括淨化土壤、綠色能源、生態化循環、綠色交通、綠建築及水環境、建築與生活、完善的資訊環境等主要領域。除了發展自行車道、大眾運輸系統，並利用太陽能及風、水等再生能源，供應居民日常所需的電力，達成百分之百自給自足，成為全球永續發展城市的典範。

由舊機場轉型的臺中市水湳經貿園區，就有如Bo01改造計畫，期待藉由智慧、低碳、創新的願景實踐，成為城市發展典範並帶來契機。

實踐計畫 **2**

Transit-Oriented Develop

推動TOD都市發展，串起一座座微型城市

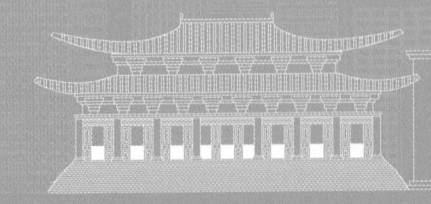

Urban
ment

90年代，美國都市規劃師彼得‧卡爾索普（Peter Calthorpe）
提出了TOD概念，
一種以大眾運輸為導向的前瞻性空間規劃，
旨在提升公共交通的效率和便捷性，
減少私人運具的使用、能源消耗及空氣汙染，
並提高場站及周邊土地的多元利用，滿足生活所需。
臺中市政府在TOD概念下，
針對捷運綠線及臺鐵高架捷運化沿線場站，研擬都市計畫配套方案，
期待以人為本，串起一座座的微型城市，
並以位居臺灣西部中央的有利位置，進行高鐵站區及周邊土地的整體規劃，
朝臺灣轉運城及淨零排放的目標努力實踐。

交通樞紐
蛻變一日生活圈

TOD的開發要讓交通樞紐發揮最大效益，空間配置以解決人本交通問題為優先考慮重點，從外部環境克服周邊道路步行系統的斷裂、人車衝突，以及大眾運輸場站無法順暢連接的問題。

TOD的框架下，交通樞紐可以滿足各種生活機能，帶來便利的交通與居住環境。圖為大慶站。（攝影：薛泰安）

想像一下，以大眾運輸導向型發展（transit oriented development, TOD）為藍圖的都市生活。

公共交通路線成為城市的主要脈絡，捷運、臺鐵、輕軌、巴士等多種交通方式交織成綿密的網絡，市民的日常生活從便捷高效的大眾運輸展開。

陽光透過綠樹照射在寬敞的人行步道上，市民出門步行到最近的車站，開始一天的生活。午後，可以輕鬆散步到咖啡館喝杯咖啡；放學、下班後，與三五好友小聚餐館，或到車站附近的商場選購日常用品與食材。

這樣的生活方式，具有高效利用時間、合理配置空間及減碳守護環境的優點，既自由又環保。在便捷的大眾運輸體系中生活，每位市民都能享受便利的交通、豐富的商業活動和友善的居住環境。

滿足一站式生活

什麼是TOD？

「可以說就是交通先行的都市規劃，」臺灣軌道經濟發展協會、中華民國運輸學會理事暨逢甲大學智慧運輸與物流創新中心副主任鍾慧諭說，在TOD藍圖框架下的都市計畫，讓場站不僅是交通樞紐，也是融合工作、生活、休閒的綜合發展區，可

以減少自然資源的消耗，並為都市空間帶來更多轉變發展。

　　長年推動綠色交通的國際非營利組織交通及發展政策研究所（Institute for Transportation and Development Policy, ITDP），於2017年出版的《大眾運輸導向發展評估標準3.0版》（*TOD Standard 3.0*），就聚焦在如何最大化公共運輸的效益，減少機動車的流動，塑造以人為本的城市交通。

　　「都市環境的TOD程度，有幾項原則可以做為具體量化的指標，」臺中市政府都市發展局綜合企劃科科長江日順表示，結合都市更新，設立公園、停車場，整合人、活動、建築、公共空間，強化基礎建設，創造便捷的步行和自行車騎行環境，搭配良好的公共交通服務接駁，使城市範圍內所有人都能享受到公平的機會和資源，正是臺中市政府目前依據TOD及SDGs努力的方向。

　　ITDP所列的大眾運輸導向發展評估標準歸納出「步行」（walk）、「混合」（mix）、「自行車」（cycle）、「密度」（densify）、「連結」（connect）、「緊湊」（compact）、「公共交通」（transit）及「轉變」（shift）等八個都市設計和土地使用的核心原則。

　　在TOD框架下，都市發展不僅是規劃完善的大眾運輸系統，場站周邊還要合理布局商業、住宅、辦公和公共設施，居民在步行或自行車騎車的範圍內，就能滿足居住、購物、休閒及工作等一日

生活所需,並透過「3D發展策略」,提高發展密度、土地混合使用以及都市設計的引導,重塑交通場站與周邊發展。

「都市建設、商業發展、交通管理是環環相扣的概念,最重要的還是要先找到使用者的基本需求,」逢甲大學智慧運輸與物流創新中心主任林良泰說,規劃寬闊的人行道、自行車道、空橋廊道和充足的環境綠化等友好的人本環境,以及便捷的交通換乘設施,方便市民和遊客在不同交通工具之間快速轉換,實現市民一站式生活需求,都是TOD的目標。

臺中與國際都會的TOD策略

「臺中捷運沿線場站周邊發展,可以透過都市計畫的引導,公私協力來提高土地利用效率,開發收益再挹注捷運建設與都市發展,」江日順認為,除了串聯捷運、臺鐵、高鐵等公共交通系統,還要有客運公車、接駁車、自行車等配套措施,提高效率和便捷性,促使市民更願意選擇公共交通工具做為移動方式,減少能源消耗,進一步降低城市碳排放,推動城市環境的永續發展。

國際上已有許多成功的TOD案例,例如由日本東急集團主導的大澀谷「Greater SHIBUYA」再開發計畫,就是一項針對澀谷車站周邊半徑2.5公里範圍內的城市改造工程。計畫結合周邊的「澀谷Hikarie」、「澀谷SCRAMBLE SQUARE」、「澀谷CAST」、「澀谷

STREAM」、「澀谷Bridge」等多項重建計畫進行整合再造。

澀谷車站是東京都重要的交通樞紐，匯集包括JR東日本的山手線、埼京線、湘南新宿線，以及東京地鐵的銀座線、半藏門線、副都心線、私鐵東急電鐵和京王電鐵等多條重要的鐵路線。

再開發計畫除了進行月臺、站體空間及動線改造，打造高層住宅和辦公大樓，規劃商場、劇院、餐廳、飯店和公共空間，也保留

執行捷運沿線的TOD必須先有法源依據及配套方案，並透過容積獎勵回饋公益設施。（圖片來源：SHUTTERSTOCK）

大片公園綠地做為市民與遊客休憩之所，並設計多條步行廊道和天橋，方便行人穿梭在各棟建築和交通設施之間，大幅改善行人通行的便利性及安全性，成為TOD策略下，結合公共設施、優質住宅和商業經濟的城市節點。

修訂法源以有所本

為引導場站周邊土地使用符合TOD空間規劃策略，臺中市政府在2020年提出「臺中市大眾運輸導向之都市發展規劃案」，針對場站分類分級，並研擬指導原則與策略構想。規劃案包括捷運綠線，從北屯總站至臺中高鐵站間共十八站的周邊區域，以及臺鐵高架捷運化後沿線場站，從豐原站至大慶站之間共十座高架車站，共涉及二十二處細部計畫範圍。

臺中市參考其他直轄市及國外施行的經驗，以增額容積做為引導開發的工具，研擬都市計畫配套方案。為了讓TOD於法有據，2023年臺中市政府修訂《都市計畫法臺中市施行自治條例》時，已將引導TOD有關的增額容積規定納入第四十七條載明。

「先有法源，未來才能進一步訂定相關規範或獎勵措施，例如TOD最小開發面積的限制、低樓層的商業使用比例等，」江日順進一步解釋，依照《大眾捷運法》及《大眾捷運系統土地開發辦法》規定，捷運設施用地相連接或能與捷運設施用地連成同一建築基地

土地，可以適度放寬建築總面積與高度；但是對於場站周邊一定範圍內沒有直接和場站毗鄰的土地，就需要透過《都市計畫土地使用分區管制要點》制定TOD的規範或獎勵，引導土地的開發利用，先修訂地方自治條例便能有所依據。

臺中市針對TOD獎勵開發適用的基地面積，初步構想為3,000平方公尺，大約908坪。

之所以要設最小開發面積的門檻，主要是因為早期車站周邊發展區的土地，大多分割得十分零碎，若要達到一站式生活目標，就必須進行土地整合做更有效的整體規劃，滿足商業、娛樂、就業等需求，並透過容積獎勵回饋留設公益設施，像是社會住宅、公共托育、日間照護、幼兒園等，打造生活機能更加完善的微型城市，同時還能引導計畫範圍內的老舊建築進行都更。

高鐵臺中站成就創產基地

「土地使用的發展等於城市發展，」龍邑工程顧問公司執行總監、都市計畫技師王翠霙表示，增額容積為引導都市實踐TOD的政策工具之一，適用範圍主要依照場站周邊步行範圍劃定，一般以場站周邊約500公尺、步行十分鐘內可及地區為合理範圍。

「簡單地說，TOD就是先把公共運輸的節點界定出來，再依據節點的不同特性，進行都市發展計畫，」鍾慧諭提到，「節點就

臺中高鐵站區及其周邊可透過交通系統通盤考量，以及都市發展的規劃引導，成為臺灣重要的轉運核心。（攝影：薛泰安）

是車站，例如高鐵臺中站，就是特性很強的節點。」

高鐵臺中站做為臺灣高鐵的重要站點，連接北部和南部，不但是全國人流、物流高效流動的重要樞紐，串聯臺鐵、捷運、巴士等多種大眾運輸的轉乘服務，更奠定其做為區域性交通中心的重要性。「高鐵臺中站剛好是臺灣的中心，」鍾慧諭說，透過優化交通、區域協同和創新產業發展，可朝向臺灣轉運城的目標前進。

高鐵臺中站區及周邊，包含筏子溪、工業區、高鐵門戶地區，範圍約438公頃的「臺灣轉運城」規劃已於2023年啟動。

交通策略以建置烏日城際客運轉運中心為核心，並強化各項配套服務，包括將鐵路海線銜接至烏日，成為支線，以增加山線及海線鐵路班次；延伸捷運綠線及臺74線快速道路，或高速公路增設客運專用匝道等聯外大眾運輸服務；在都市發展策略上則以高鐵門戶

定位進行整體規劃。

　　鍾慧諭分析,除了都市發展和交通,「臺灣轉運城」在產業發展上,包含高鐵娛樂購物城的開發、烏日鋼梁廠騰空土地、設置臺中國際展覽館,以及烏日車站周邊和舊市街都市更新;此外還可進行水岸營造,提升毗鄰的筏子溪整體環境、規劃生態迎賓廊道等。

　　「整體規劃從轉運策略出發,朝向促進公共運輸發展、產業升

高鐵臺中站可帶動跨區域的經濟發展,若再將臺鐵、國道客運一併考量,可以成為高效的轉運中心。(攝影:薛泰安)

級、加值創新、轉運門戶、創產基地努力，」鍾慧諭認為，應積極回應2030年聯合國永續發展指標及臺中市2050年淨零碳排目標。

　　高鐵可帶動跨區域的經濟發展，臺鐵強化城市與區域的連結，捷運提升城市內部的連接性，公車則覆蓋全市與捷運和高鐵系統無縫銜接，還有特定區內便利的人行及自行車路網，打造低碳綠能、公共運輸發展的運輸典範城。

綠色運輸與淨零排放目標

　　「國道客運業者主要路線市場重疊率高，臺中以北的交通運量大約是以南的三倍，南部運量卻明顯不足，」鍾慧諭從臺灣西部路廊國道客運需求分析認為，以臺中為轉運站，可以截短國道客運服務路線長度，回歸國道客運優勢市場，匯集北部區域往南部區域的需求，於臺中烏日站發車往南，形成具營運規模的路線，讓烏日站成為南北流通的國道客運轉運中心。

　　「再進一步強化軌道運輸連結，將高鐵、臺鐵、國道客運一併考量進行路網調整，可以成為高效的臺灣轉運中心，有效發揮臺灣中心的有利位置，」鍾慧諭補充。

　　當都市塞車成為日常，運輸效率降低、增加通勤時間，浪費燃料與空氣汙染等影響也將隨之增加。國際上早有針對減少汽車運行祭出強制手段的城市，例如倫敦市政府針對進入市中心的車輛收取

交通擁擠稅，以降低民眾開車的意願；新加坡除了收取進城稅，也針對燃油車徵收高稅額，並訂立嚴格的廢氣排放標準，甚至在2018年宣布不再增加汽車的牌照數量，以求降低私人汽車的使用率。

針對移動汙染源改善，臺中市政府除了加強機動車輛定檢合格率、動力檢測站合格率、鼓勵使用低汙染車輛外，也積極透過TOD政策，形塑場站周邊友善的人行環境及轉乘規劃，藉以提高大眾運輸搭乘人次。

「就綠色運輸角度而言，私人車輛是愈少愈好，」鍾慧諭認為，交通問題解方很多，不只要從運輸服務著手，最重要的是，需要政策去管理使用行為、限制停車位供給量、中彰投協同管控車輛，以及設置停車攔截點、單行道、客運專用道銜接轉運站等，各種以大眾運輸服務為優先的管理策略都是解方。

以優惠培養搭乘習慣

依據臺中市捷運綠線的調查報告，43.1%的民眾皆透過步行轉乘捷運系統。因此藉由TOD政策規劃場站周邊退縮，設計完善的立體連通天橋或空橋，提供友善安全的步行空間，並將周邊土地開發收取的增額容積價金，應用在改善場站周邊環境，建構連續性的人行動線規劃等，都是都市計畫努力的方向。

「提升大眾運輸搭乘，建構安全、連續的人行環境，降低交

通事故發生率,都是刻不容緩的事,」林良泰分析,大眾運輸是包容力最高的交通工具,「路網完整、班次密集、費用低廉」三大主要原則缺一不可。臺中市民搭乘公車10公里免費,超過10公里後車資上限最多10元的「雙十公車吃到飽」,就是臺中市政府務實培養運量的實績。「政府需要有些手段,敢於提高私人運具的使用成本,大眾運輸自然就能發展得愈來愈好。」

國際接軌

十五分鐘城市

致力於成為世界上第一個實現碳中和首都城市的哥本哈根,推動「十五分鐘城市」概念,讓市民在十五分鐘步行或騎行範圍內,能夠滿足生活所需。

哥本哈根也被稱作「單車之城」,有超過六成市民以自行車通勤,城中有約400公里的自行車專用道,還有專門為通勤者設計的自行車高速公路,在城市規劃中也對地鐵、巴士、電動自行車的共享計畫進行整合,確保市民無論是步行、騎行或是搭乘大眾運輸,都能安全、快速地到達目的地。

高鐵臺中站在TOD框架下,結合捷運、臺鐵強化大眾運輸服務及區域發展,未來可望成為集交通、商業、住宅、娛樂、文化於一體的門戶地區,實踐步行即可滿足生活日常的目標。

高鐵娛樂購物城再進化
——公路版樟宜機場

車站,曾經只是前往下一個目的地的中繼站。旅人行色匆匆、焦躁張望或是百無聊賴地候車。漸漸地,車站裡可以看電影、逛街購物、享受美食、工作、休閒渡假,甚至還能宛如置身森林之中,感受大自然、舒緩身心。

D-ONE第一大天地是臺灣唯一具有國際會議中心,以及多功能展示場的百貨購物中心,目標客群含括中部九縣市,預估將創造至少一萬八千個工作機會。(圖片來源:第一大國際開發公司)

在TOD的城市空間規劃下，車站不再只是車站，可以帶來更大的效益。

　　根據統計資料，高鐵臺中站每日平均約有六萬九千人次進出及轉乘，總進出旅客人數雖居第二，僅次於臺北站，但臺中站結合臺鐵、捷運、國道客運路網，原本就是臺中、彰化、南投地區的轉運中心，且受惠於島中央的地理優勢，更具備全島轉運能量，在串聯產業發展有無可取代的關鍵地位。

　　依據高鐵臺中站的發展需要，內政部早在劃設高鐵站時，即已針對「高速公路王田交流道附近特定區計畫」辦理變更，並於1999年公告發布實施「變更高速公路王田交流道附近特定區計畫（高速鐵路臺中站地區）案」，併同擬定配合高鐵站區發展需要的細部計畫內容，希望利用三鐵共構優勢，發展出臺中市的次核心，串聯科技產業聚落廊帶，吸引高科技人口進駐，總計畫面積約273公頃。

　　2021年交通部鐵道局將其中所屬的15.8公頃（約4萬7,795坪）土地，採用設定地上權方式公開招標，開發為高鐵娛樂購物城，由廣三SOGO主導的第一大國際開發公司，取得七十年的開發經營權，投資金額逾兩百六十億元。

　　該案在2023年送臺中市政府進行交評、環評與都市設計審議，針對交通、環境衝擊進行討論後，於2024年6月21日取得建

照，6月30日舉行動土典禮並定名為「D-ONE第一大天地」。

「D-ONE第一大天地開發計畫是臺灣唯一具有國際會議中心，以及多功能展示場的百貨購物中心，有不同主題的多層次商業街，多樣化功能集結一體，」第一大國際開發營運長戴蔭本表示，「三鐵每年預估人流超過三千萬人次，D-ONE第一大天地正式運營後，可充分展現軌道經濟優勢，目標客群將包含苗栗、南投、彰化及臺中地區，創造至少一萬八千個工作機會。」

D-ONE第一大天地基地面積將近4萬8,000坪，建築總樓地板面積超過18萬5,000坪，將近臺中大遠百3.5倍大，位居高鐵沿線面積最大、最完整的街廓，並且與三鐵站體緊密相連，能服務的人口範圍也因此擴大許多，北至新竹、南至嘉義，均在高鐵半小時車程內，商圈基本服務對象可擴及中部地區九縣市、七百五十萬人口。

除了百貨購物中心、國際多功能展示場、國際會議中心，D-ONE第一大天地還有影城及五星級飯店、A級商辦等綜合規劃，也涵蓋主題餐飲娛樂消費場所，串聯景觀花園，市民可以在步行或短途自行車騎行的範圍內，完成工作、購物、娛樂等日常活動。

另外，還以新加坡樟宜機場打造森林瀑布的設計概念為本，在一樓戶外規劃約2萬坪景觀綠化廣場，並以6,500坪有水瀑、綠帶、舞臺多層次空間的空中花園，做為戶外社交空間，對於城市綠化及資源共享助益不小。

然而，D-ONE第一大天地正式投入運營後，也代表高鐵特區在商業投資、住宅開發帶來的交通衝擊將達到高峰。

　　「高鐵站區長期以來受國道、快速道路及筏子溪包圍，與周邊南屯、烏日地區缺乏串聯，腹地受限，」龍邑工程顧問公司執行總監、都市計畫技師王翠霙說，為促進站區及周邊低度使用場域轉型活化，必須檢討包括高鐵產專區、烏日鋼梁廠與聯勤兵工廠等空間，將重要節點的發展定位，重新連結周邊工業區、機關用地及筏子溪沿岸。

預留都市發展儲備用地

　　2023年臺中市政府特別整併計畫區範圍，除了原高鐵臺中站特定區計畫的273公頃，另將國道1號北側部分範圍納入，整併為「臺中市高鐵站區都市計畫細部計畫」，做為都市發展儲備用地，以符合未來發展需求及利於土地使用管理，整併後高鐵計畫區面積約為436公頃。

　　另外，臺中市政府也規劃研擬高鐵站區與烏日地區的立體通廊、人工地盤規劃方案與執行策略，提出高鐵站區與站區外人行及自行車連結構想，雖然整體還在策略研商階段，但希望提出討論，以突破既有道路及地形限制。王翠霙認為：「從土地利用、交通模式、產業空間需求、筏子溪生態景觀廊道等面向部署，高鐵娛樂購

物城這項大型開發案，或許能肩負起縫合都市發展的角色。」

對於基地周遭主要交通幹道阻隔進出動線的缺失，第一大國際開發當然也很明白，在D-ONE第一大天地運營後，勢必面臨很大的交通衝擊及外界壓力。戴蔭本表示，在以TOD為導向的概念下，公司已擬定出短、中、長期計畫因應。

面對交通衝擊的解方

短期計畫包括：一、規劃人行空橋，從娛樂城的建築直接連通到高鐵站，創造人車動線分流；基地內周邊規劃6至8公尺的人行及自行車道；二、將退縮基地所留設的空間增設車道、增加進場車輛停等區，避免車輛溢流到主要交通幹道；三、建置智慧停車系統，減少外部道路繞行，提升進、出場效率；四、周邊路口增設交通號誌計畫及秒數調整建議；五、制定大眾運輸鼓勵策略，舒緩道路交

高鐵臺中站地處臺灣中心，為南北人流、物流的重要樞紐，具有區域性交通中心的關鍵地位。（圖片來源：臺中市政府都市發展局）

通壓力。

「降低交通衝突，提升安全性、舒適性、便利性是主要重點，」戴蔭本進一步說明，視營運後的狀況，中期計畫會著重於區域道路車道配置改善建議、周邊人行及自行車環境調整建議；長期則研擬調撥車道管制，設外圍車流管制攔截圈，配合大眾運輸轉運接駁，評估聯外動線，提供區域性交通規劃建議。

例如研究臺74線快速道路匝道增設出口引道，連通至高鐵二樓的可行性，以及設置資訊可變標誌（changeable message sign, CMS）提供路況資訊、交通宣導等措施，但戴蔭本也強調，部分措施必須仰賴公部門的支持。

「透過與高鐵等大眾運輸系統的連接，可以為在此舉行的各種會議、展覽及活動提供更大的便利性，」逢甲大學智慧運輸與物流創新中心主任林良泰認為，國際商務客從桃園國際機場或臺中國際

機場進來，就有軌道系統接到高鐵臺中站進行會議、展覽等商業活動，也能滿足住房、娛樂等需求。

「不單轉運人，高鐵臺中站還能延伸臺中市政府推動產業發展的前店、後廠、自由港經濟模式，創立國際物流園區，轉運貨物，對於臺中市國際化發展，提升整體城市形象及生活品質，都有正面和深遠的意義，」林良泰建議，高鐵娛樂城開發單位與相關公部門需積極合作，共同研議「基地設置大眾運輸專用匝道聯通中山高速公路」可行性，以利共同創造具有「公路版樟宜機場」意象的「臺灣全國轉運站」。

人口成長代表城市的發展

依循TOD模式，全球各主要都市都可發展出符合在地文化的理想生活樣貌。

在城市中生活的是人，都市規劃的主角是人，以人為本位的城市空間規劃，必須整合自然環境、經濟效率、社會公平、土地利用等面向，建構均衡發展的永續城市。

「傳統的都市計畫可能較著重於土地使用空間的配置，與『汽車至上』的交通規劃，人行動線與街道空間相對被忽視，」王翠霙說，雖然每個地區的容受力不一樣，但將聯合國永續發展目標的條件納入都市計畫，自然會考慮得更宏觀。

每日平均約有近七萬人次進出及轉乘,總進出旅客人數僅次於臺北站的高鐵臺中站,對轉運的重要性不言可喻。(圖片來源:臺中市政府都市發展局)

　　TOD是一個長期發展的過程,也是一種全新的城市生活方式。高鐵臺中站地處樞紐位置,連接主要運輸路線,開發策略與聯合國十七項永續發展目標密切相關。

　　在追求社會、經濟、環境永續發展的今日,以步行為主的綠色交通系統,提供了重新組織生活與都市空間布局的機會,不但重塑人們日常生活的行為模式,也提升城市空間的品質與生活價值。

　　根據內政部資料顯示,臺中市人口幾乎年年攀升,目前臺中市民已經超過兩百八十五萬人。「一座城市人口的成長,代表的就是未來發展潛力被看好,」林良泰說,「臺中擁有獨一無二的地理條件,如果先天條件與後天開發能完美結合,對於創造國土發展的均衡絕對有非常大的幫助。」

實踐計畫 3

Old City
Revitali

重拾舊城的
繁華歲月

ZATION

19世紀初，
英國人喬治・史蒂芬森（George Stephenson）發明的蒸汽火車正式運行，
帶動產業革命，也加速城市發展，
火車站成為都會中最重要的公共空間及場域。
百年前，臺中市也因鐵道交通而繁華，
南來北往的運輸樞紐位置，成為貨品及金流集散地，
人文薈萃，車站及其周邊風光超過一甲子，
雖因時代變遷、都心西移，一度沉寂，
透過民間投入、市府積極整治與舊城的文化底蘊，
搖身成為都市更新的火種，
隨著鐵路高架化、第三代臺中車站啟用，
擘劃中的「大車站計畫」，已揭開舊城復興新紀元。

走一趟綠空鐵道，
閱讀百年歷史

為縫合都市，市區鐵道立體化為必然趨勢，臺中市採取鐵道高架捷運化做法。當火車沿著高架鐵道緩緩進出臺中車站，窗外綠意蔥蔥的綠空草地平臺，慢悠悠推著娃、遛狗的市民，還有點綴其間的街頭表演，成了旅人對臺中的第一印象。

鐵道高架後，配合舊鐵道的綠化改造，為臺中舊城注入蓬勃生機。（攝影：薛泰安）

新舊兼容是臺中車站的一大特色，也因此旅客的進城序曲，是坐在列車上飽覽舊城風采。

步出新車站，往右走是第一代舊車庫遺址，往左是服役最久的第二代車站，全世界絕無僅有、「三代同堂」的火車站就在臺中市；貫穿車站的高架鐵道旁，還挨著全臺唯一由舊鐵道改建的綠色空中步道，見證這座城市從無到有的百年歷程。

臺中市的發展與臺灣鐵路建設息息相關。清朝統治時期，首任臺灣巡撫劉銘傳打算在臺灣中部設立省城，相中了位於中央山脈與大肚臺地之間，當時地名還叫彰化縣橋仔頭的臺中市中區，並計劃以縱貫鐵路為這座新城帶入人力與物資，然而鐵路建設、省城城牆均未能完工。

日治時期，日本總督府大舉拆除清朝遺留建物，並在1900年頒布「臺中市區設計圖」，進行臺中市區改正計畫，以臺中驛（今臺中車站）為中心，前後站區域扇型開展出棋盤狀街道，成為全臺灣最早實施的都市計畫。後續再整治綠川、柳川，打造臺中公園，設立臺中州廳、市役所、刑務所、警察署等重要官署。

日本總督府也積極建設鐵道，採南、北兩端分段施工的方式進行。1908年，南、北兩端鐵路終於在中部接軌，為臺灣帶來第一次的空間革命，過去動輒數週才能完成的南北交通，縮短到一日可達，臺中市也成為鐵道交通的重要樞紐。

執政者傾注資源，民間取其地利之便，貨品、金流在此集散，文化、思想迸出火花，臺中市迅速發展成為中部第一大城市。中華民國政府來臺後，中區發展更是來到巔峰，中正路與自由路口長期坐擁「地段王」封號，公告現值與公告地價曾多年傲視全臺。

遙想繁華歲月

　　鐵道交通風光了多久，臺中市中區舊城就輝煌了多久。

　　日治時期創立至今的「明通製藥」，自中區平等街發跡，戰後出生的第二代張光發，猶記得自家原是日式平房，左右鄰居都是東洋風味濃厚的食堂，平等街一頭是臺中公園、另一頭是臺中州廳，兩處步行不用十五分鐘，鄰近有郵局、警察局等行政機關，還有銀行與各式商行，範圍不大卻集結了交通、政治、金融、商業、餐飲等功能，「當時臺中人要辦事，一定要來中區。」

　　中城再生文化協會理事長蘇睿弼回憶，1980年代他就讀東海建築系，每次從東海大學搭乘巴士沿著中港路（現為臺灣大道）前往臺中車站，「沿路都是稻田，錯落著零星的工廠，最先會看到較明顯的建築物就是當時還孤零零的全國大飯店，國立自然科學博物館也還在蓋，持續向前要到五權路，看到路口兩棟高聳的大樓，才有『進城』的感覺。」

　　「城內」建物密集，人潮洶湧，假日更是摩肩擦踵，行人甚至

從騎樓外溢到馬路。

當時許多日治時期的木造平房，因為大量人口湧入，空間不敷使用，原有的後院或空地紛紛增建許多臨時性建築，有時引發祝融，也就有了第一波改建風潮的興起，成為如今中高樓層為主的建築樣態，但也得以容納更豐富多元的商業百態，當時自由路三強鼎立的永琦、遠東、來來百貨公司，是許多臺中人的昔日回憶。

明通製藥的起家厝，也在1980年代改建成地上七樓、地下一樓的建築，樓上做為「明通大飯店」，接待來城內出差辦事的旅人，地下室則經營酒廊，與周邊的多間鋼琴酒吧、舞廳連成一氣，燈紅酒綠，熱鬧風華可比日本的歌舞伎町。

早年流行歌廳秀、紅包場，最當紅的影歌星崔苔菁、歐陽菲菲、鄧麗君，都曾在明通大飯店附近的「南夜大舞廳」登臺表演，風靡無數觀眾。

然而，繁華超過一甲子的中區，終究還是迎來城市擴張、市中心空洞化的危機。

1978年，國道1號中山高速公路全線通車，人流滿溢的中區彷彿大壩出現細小裂縫，人潮迂緩流失，後續隨著汽車蔚為交通主流，火車重要性逐年下降，商業娛樂動能也跟著臺中市政府持續推動市地重劃，持續向外圍屯區擴展。

張光發回憶，明通大飯店共五十間客房，風光時期天天滿房，

隨著中區人潮稀釋，住房率逐年下降，最後甚至一天賣不到五間房，營業收入完全不敷經營成本，只能黯然歇業。

九二一大地震更是一記重擊，中區老屋密度高，災損嚴重，商家乾脆就此關門，百貨業者也一間一間撤出。最終，當嶄新現代的市政府與議會大樓在西屯區正式啟用，行政人員從舊市府遷離，中區的政治行政功能也宣告終結。

唯獨交通樞紐地位不變。

都市擴張下的甜甜圈效應

「舊城區（central business district, CBD）凋零，是都市擴張時經常遭遇的困境，」逢甲大學副校長、建築專業學院院長黎淑婷以澳洲墨爾本為例，原本中央商業區也是圍繞著車站而起，1970年代因為都市擴張、公路興起，市民不斷搬離市中心，商業熄火、街區冷清，若以人口密度來模擬，「當時墨爾本就像一個甜甜圈，圓心是中空的。」

但是，車站仍在、鐵道仍在，依然能帶來人流，沒理由閒置荒廢。當時墨爾本市政府制定了重振市中心的戰略計畫，歷經二十餘年的努力，加強投資公共領域、守護文化遺產建築、招攬特色商家進駐，同時綠化人行空間，終於成功扭轉頹勢。

不只居民搬回市中心，獨特的住商混合巷道也成為廣受歡迎的

觀光景點。黎淑婷分享：「行人漫步在舊城區，路樹映襯著維多利亞式建築，所有人都會愛上這種氛圍。」

讓綠川美景重見天日

二十餘年來，臺中市政府陸續拋出重振中區的解方，「綠化」是首當其衝的挑戰。

日治時期的臺中市區改正計畫，造就約90公尺乘以90公尺棋盤式街廓，打下易於漫步的基礎，宜人的開放綠地空間除了臺中公園之外，三民路與民權路也曾經都是種植行道樹的林蔭大道，貫穿棋盤式街廓的綠川與柳川，更成為接軌現代永續生活的新契機。

綠川、柳川在日治時期曾是橫亙街區的清澈流水，但隨著戰後都市發展，軍眷沿川邊搭建簡易房舍，後來隨著商圈發展，持續以木架、竹竿往河面延伸加蓋而成「吊腳樓」，占領溪川兩側並排入汙廢水，演變成臭水溝。綠川在1970、1980年代拆除違建，雖然恢復部分景觀樣貌，但也將部分河段加蓋成道路及停車場，潺潺溪水不見天日，只能在地底下暗流。

為了復甦中區，臺中市政府啟動河川改造計畫。透過水源淨化、汙水截流、環境營造等三階段工程依序施工，卻在綠川開蓋整治過程中，於臺灣大道與綠川東西街交叉口路面下方，意外發現百年前「櫻橋」的橋墩遺蹟，也特地予以完整保留，讓綠川美景與

歷史古蹟相互映照，增添更多人文色彩，讓風光水綠再次現身世人面前。

柳川也打開護岸、設置綠帶緩坡，並透過多樣性植栽、復原生物棲息環境，營造河川自然生態，將步道設計成為一道綿延的都市綠廊，不管是行人或自行車均可沿岸穿梭。

因鐵道而生的臺中市，如今更成為中區重生的關鍵。

臺中市政府啟動的河川改造計畫，讓綠川美景再次重現世人眼前。（圖片來源：臺中市政府都市發展局）

過去為了經濟發展，鐵路肩負起運輸重責，卻也粗暴地把城市一分為二，人們只能忍受禮讓列車通行，前站、後站交流不便，產生截然不同的商圈型態。然而隨著社會變遷，保留歷史軌跡、縫合都市成為世界趨勢。

　　臺中市政府選擇豐原至大慶車站之間的平面鐵路高架化，更前瞻地在高架道下方打造長達21.7公里的綠空廊道，緊鄰的舊鐵道則以臺中車站為核心，南北兩端各保留1.6公里，由上典景觀實業及建築師謝文泰聯手打造成「綠空鐵道1908」，英文名為「Taiwan Connection 1908」，揭示臺中車站做為臺灣南北串聯的核心地位。

　　透過細膩的建築語彙、融合鐵道文化與舊城印象，「綠空鐵道1908」2020年陸續拿下日本優良設計獎（Good Design Award）、美國繆思設計獎（MUSE Design Awards）白金獎等九項國際大獎，成為國際注目焦點。

綠空鐵道串接歷史建築

　　「綠空鐵道1908」的成功經驗，來自於日治時期警察宿舍所改建的「臺中文學館」。負責臺中文學館景觀規劃設計的上典景觀實業創辦人吳靜宜認為，「城市的文學底蘊，應透過景觀情境來呈現，融合創意與文化、細膩的護舊整新手法，讓參觀者不自覺地想駐足停留。」

「臺中文學館」及緊鄰的臺中文學公園以此概念細細修繕，「臺中帝國製糖廠湧泉公園」亦然，2020年完工落成的「綠空鐵道1908」更加發揚光大。

「綠空鐵道1908」保留了鐵道紋理、老電線桿及電氣化設施，並融入路軌、枕木、碎石等鐵道設計元素。施工過程中，「綠川歷史橋檯遺構」悄然出土，一度打亂工程進度，日本人百年前在綠川兩岸、以紅磚堆砌而成的側邊擋土牆，透過設計者巧思與臺中市政府的支持，得以保留呈現。

如今，在綠空鐵道上，仰頭望是新的架高鐵路線，俯視下方為綠川水岸廊道，視線層次豐富，沿途除了有街道家具讓人歇坐，更安置不同主題向歷史致敬，例如「老松茶亭」紀念著1931年設立的臨時車站老松町驛；「星空劇場」以電影造型框緬懷正義街上、臺中最早的二輪戲院──南華戲院；「常民穿廊」的過道兩側點綴著臺中歷史建築的重要語彙「窗花」。

串接舊城歷史印記

在「綠空鐵道1908」漫步一回，有如走讀城市的前世今生。沿線設置多個出入口，設立清楚的路線指標引領遊客延伸至周邊景點，深入舊城。

綠空鐵道串接起臺中最具歷史底蘊的重要建築，包括現今為

舊鐵道綠化再生，讓原本嫌惡的附近住戶轉為欣賞並享受綠帶的美好，同時也能留下生活的記憶。（攝影：薛泰安）

「國家漫畫博物館」的刑務所演武場、臺中文學館、具有百年歷史的大同國小、清治時期留下的臺灣府儒考棚、臺中市役所及臺中州廳、臺中公園，後站則有前身為臺中酒廠的臺中文化創意產業園區，以及臺中帝國製糖廠。

謝文泰形容，綠空鐵道之於臺中舊城區就像是一刀切下生日蛋糕，讓人得以縱觀臺中最初被設定的治理藍圖：有軍營、公園、商業、文教、政治、司法、獄政，「我們造訪一座城市，都希望能夠了解城市的歷史，才能擁有深刻的遊歷體驗，臺中車站周邊就是有這樣的魅力。」

這道綠色動脈，為臺中舊城注入蓬勃生機，也提供旅客多元走讀臺中的方式，更讓下階段翻轉舊城的都市更新計畫有了願景。

借鏡國外，
保存城市記憶

過往的都市更新就是破舊立新，剷平老舊危險的房舍、興建簇新高樓大廈，卻也可能剝奪幾代人的街區回憶；近年先進國家的都更理念已轉變為「再生」，透過都市計畫的通盤檢討大範圍再造商圈，保存城市記憶及特色文化。

日本東京車站歷經各種折衷與討論，最終遵循上位計畫決定復舊，保留原本累積的場域記憶。
（圖片來源：SHUTTERSTOCK）

日本建築大師安藤忠雄在其著作《在建築中發現夢想》寫道：「要在一塊土地上建造新的建築，就應該採取某種方式來對應這塊土地原本累積的場域記憶。因為新與舊之間的對話，能讓場域活性化並帶給都市空間深度。」

安藤忠雄認為，保留舊事物並賦予新生，絕對比新的建設來得耗時費錢，尤其重建對象若是整個街區，必定將社會大眾捲入其中，實行起來格外困難，「但人是憑藉著小小的回憶而活著，富足的生活，除了物質環境以外，也需要在精神環境上得到滿足。」

日本東京車站的復舊，就是一段歷經各種折衷與討論的艱辛過程，卻也是人類從物質跨越到精神滿足的象徵。

比鄰日本皇居的東京車站，興建於日本國力正盛時期，因此耗費重資、費時多年，1914年完工時，是一座象徵帝國榮光的大型驛站。但二戰期間受到轟炸局部毀損，經過快速、簡易的修復後，竟也支撐長達數十年。2007年日本當局終於決定好好進行修繕，同時車站周邊也透過都市更新一併改造，一棟一棟兼具辦公商業、生態綠化與歷史文化的高樓大廈陸續矗立。

2012年東京車站風華再現，站體所在的丸之內，地面人行道有行道樹遮蔭，地底下則有商用空間及人行系統，可串接到周邊各個高樓建築內，打造舒適便捷及安全的人本行走空間。

都市更新研究發展基金會執行長麥怡安表示，東京車站再生的成功，關鍵在於並非從上而下的政策，而是充分得到產官學界的共識才推行，官方劃定都市更新範圍，地主、商家、專業者及學界一起討論，「未來要如何發展？容積要怎麼放寬？建築設計要怎麼退縮？都市計畫要如何調整？大家一起來形塑願景。」

東京車站，遵行上位計畫改造

其實，東京車站也曾徘徊在拆除或是復舊的雙岔路口，最後選擇了復舊方案。周邊的私有地主早在1988年就先成立「再開發計畫推進協進會」，進行長達多年的調查與討論，至2001年日本都市計畫學會提出「東京新都市改造願景」後才確定方向。討論過程雖然費時冗長，然而一旦達成共識、拍板定案後，後續推動就會加速。

如今，丸之內商圈內至少有十八棟更新後的商業大樓矗立。但麥怡安強調，這些重建的新建物，全數都得遵守當初共識擬定的「上位計畫」。

例如，多元化的土地利用。過去丸之內地區的大樓使用單一，約90%面積做為辦公使用，少部分為零售或餐飲，因此上班時間雖然人潮眾多，但是一到晚間及週末，街道冷冷清清。新的更新計畫規定零售餐飲面積須提升二至三倍，並引入各種文化設施，增添都市魅力，吸引遊客前來。

又如，更新後的建物必須保留歷史特色，例如明治生命大樓、工業俱樂部大樓，大多留下舊大樓或大理石的古典立面，新舊並存。丸之內地區因為比鄰皇居，過去有100英尺（約30公尺）的建物高度限制，如今雖有容積獎勵，且高度大幅放寬至500至670英尺（約152至204公尺），但是原來限高的腰線仍被保留，超高層的部分必須退縮並綠化，以免造成街道的壓迫感，同時也能引入東京灣的海風，減少都市熱島效應。

也因此，新建物雖各有不同的用途或規劃，但是外觀設計擁有共同基調和精神，與周邊街區相互呼應，更能襯托百年車站之美。

這項更新計畫的最後拼圖，是車站前方1萬9,000平方公尺的廣場，包括地下空間規劃與地上景觀配置，最終在2017年年底全部完工啟用，這項長達三十年的宏大計畫終於告一段落，讓東京車站可邁向下一個百年繼續運營。

倫敦車站更新，地主與開發商合組公司

再把目光轉向地球的另一邊。發展更為悠久的英國倫敦，在17世紀即成為歐洲最大城，19世紀開通全世界第一條地鐵，然而當時間快速推進到20世紀末，市中心區同樣面臨更新與再生挑戰，國王十字車站及其周邊就是例子。

倫敦國王十字車站曾是大型煤礦運輸站，區內多為鐵道、煤

倉與工業設施，隨著能源創新與轉型、政府限煤等措施，煤倉逐漸閒置。倫敦當局於2004年啟動都市再生計畫，開發商與地主共同成立公司，在廣達27公頃的基地上，預計完成二十棟歷史建築物的修護再利用、十個公共廣場、三座公園、一處親水休憩區、一間新設小學、二十條新闢道路等，使用機能包括商務辦公、住宅、學生宿舍、餐飲、零售及休閒空間等。

目前國王十字車站區內有Google歐洲總部、環球唱片、路易威登（LV）、倫敦藝術大學、中央聖馬丁學院等進駐，也規劃了文創基地，鼓勵微型文創工作者進入，成為產業聚落、學術殿堂，更是來往旅客休憩購物的重要據點。

曼哈頓高架公園的華麗轉身

視線再聚焦到美國紐約曼哈頓下城區。這裡有一座高架公園（High Line Park），從第十街延伸到第三十四街，前身是運送肉品與食品原料的貨運專用高架鐵道，但隨著公路運輸興起於1980年停駛，變成雜草叢生的廢棄鋼鐵構造，甚至成為治安隱憂。

1990年代，當地政府原本下了一道命令，決定拆除鐵道，但當地居民成立民間組織「高線之友」（Friends of Highline），持續呼籲應保護再造這條路線，甚至自發性集資捐款，最後得到議會支持，並於2005年啟動更新。

曼哈頓高架公園帶動原本陳舊的曼哈頓西區發展，活絡商圈，也成為全球具指標性的都市更新案例。（圖片來源：SHUTTERSTOCK）

「高架公園」分三階段改造。2009年第一期完工開放隨即造成轟動，一年吸引五百萬名遊客造訪，帶動原本陳舊的曼哈頓西區發展，活絡商圈。歷經十多年打磨，這段高架鐵路終於華麗轉身，開放給來自世界各地的人們，也成為全球具指標性的都市更新案例。

　　這條帶狀公園挑高8公尺，漫步其中能以全新視角觀望城市。平臺保存許多鐵道元素，綠帶裡忽隱忽現的斑駁鐵軌、街廓地面的鋪材、兩側座椅，都能讓人追憶過往風華。

留下鐵道，保存生活記憶

　　反觀臺中舊城區，都市更新進程如旭日初升，目前已完成鐵路高架化工程、設立了新站體，也從國際都會的成功案例汲取經驗，保留舊車站為古蹟建築，並經由民間倡議、凝聚共識，讓1.6公里的舊鐵道綠化再生。

　　協同催生「綠空鐵道1908」的建築師謝文泰回憶，當初是由在地文史工作者發起保留，但周邊居民反對聲量不小，有些民眾覺得忍受噪音干擾、通行堵塞這麼多年，期盼能一舉拆除鐵道，改成停車場最便民。

　　「最困難的是，臺中人目前仍非常仰賴汽車，希望汽車就能停在家門口，但放眼世界，宜居城市的要件就是人本交通，」謝文泰認為，保留舊鐵道雖然犧牲停車空間，卻能創造不受車行打擾的步

行節奏，更能打破城市點對點移動的慣性，讓街區重新活絡起來。

　　為了凝聚共識，市政府不只召開公聽會，設計團隊更多次拜訪鄰里長進行「客廳會」，傾聽在地居民的困擾與需求。此外，還舉辦了兩場鐵道小旅行，讓民眾從鐵道高度回望鄰里。謝文泰憶及，當時他們走著走著，就指著鐵道旁的厝邊鄰居回憶起過往，猛然覺醒，「若能留下鐵道，也能留下生活記憶，」心柔軟了起來，也逐漸改觀，同意保留改造。

　　「綠空鐵道1908」在歷經倡議、拍板、設計與施工，當第一階段的南段完工時，原本將軌道視為嫌惡設施的住戶，全都轉頭面向綠空，欣賞並享受這條綠帶的美好，讓中區再生的願景更為清晰。

　　現下，臺中市政府正積極擘劃臺中大車站藍圖，期許由公部門擔任領頭羊，進一步催化民間力量，共同加入更新再造的行列。

臺中大車站計畫，
翻轉城市軸線

19世紀，鐵道經濟崛起帶動城市發展，如今雖一一面臨都市擴張、舊城空洞化的危機，卻是重要的歷史根基；臺中市政府以大眾運輸導向型發展（TOD），研擬臺中大車站計畫，為舊城再生及文化保存展開全新布局。

城市轉型需要時間，「臺中大車站計畫」為中區再生先打下基礎，除了滿足車站功能，同時涵蓋商業發展、古蹟保存等多方面考量。（圖片來源：臺中市政府都市發展局）

保留歷史紋理、開創新局面，為臺中市擘劃大車站再生藍圖的重點，透過盤點車站與周邊資源辦理都市計畫變更，重塑臺中車站商圈，希望實踐三大策略目標：肩負運輸重責的交通功能、催生導入重大公共建設，以及舊城區的文化復興。

　　「城市轉型需要時間，無法一蹴可幾，」臺中市政府都市發展局局長李正偉直言，臺中中區老屋林立、商圈轉型勢在必行，但目前民間投入的誘因薄弱，政府須先行改善周邊基礎設施，並推動旗艦計畫，而臺中五大門戶計畫中的「臺中大車站計畫」，正是為中區布建基礎的打底工程。除了滿足車站功能外，還涵蓋周邊商業區的發展、連結前後站交通、保留公共開放空間，以及保存古蹟文化等多方面考量。

　　以最基礎的車站功能來說，已經啟用的臺中車站新站，不僅吞吐臺鐵捷運化的人潮，未來還將是捷運藍線、橘線的轉運站。為了超前部署，站體設計為立體化，達到共站分流的效果，乘客可直接從車站西側進出車站二樓平臺，不需要繞道而行；平臺下方則是一樓轉運中心，可供汽機車進出，以達成人車分流的規劃。

　　不過，為了下一個百年設想，臺中車站的轉運功能仍待擴允，例如車站周邊有近百條公車路線，卻只能在外圍路邊停靠，客運巴士必須各自租用外圍空地上下旅客。因此，臺中市政府

大刀闊斧整合緊鄰車站西北隅的基地。

　　首先拍板遷移建國市場，再協同國有財產署、臺鐵、國防部，以及臺中市政府建設局、經發局，再加上少數的私人地主，統整出一萬餘坪的基地，透過都市計畫變更，將原有的商業區、市場用地、道路用地，變更細部計畫為車站專用區及停車場用地，以TOD概念研擬「臺中大車站計畫」，將一舉整合轉運節點的捷運、鐵路、公車、YouBike等及停車場功能。

　　位於停車場用地的「大臺中轉運中心」，目前如火如荼興建中。除了整合且預留捷運藍線和橘線與商業聯開大樓的出入口外，一樓將設置公車轉運站，可允納十二部公車同時進站，地下三層為汽機車與自行車停車場，轉運中心內也規劃商業空間，未來將開放成為經濟與藝文流行場域。

規劃產業創新平臺

　　車站專用區則分為兩大部分，未來將進行公辦都更，其中，「臺中大車站計畫——原建國市場及附近地區都市更新事業招商計畫案」由臺中市政府領銜，以「臺中新創國際基地」為主題，除了容納商場、旅館、辦公及住宅大樓，並將評估納入新創空間之規劃。目前正在研議招商文件，期望引入國際資金共同開發。

　　另一案「臺中火車站周邊地區（國光客運臨時站）都市更新開

臺中大車站再生示意藍圖。（圖片來源：臺中市政府都市發展局）

大平臺是大車站計畫中的規劃主軸，未來可連結周邊轉運中心，營造人車分流且便利安全的人行空間。（攝影：薛泰安）

發案」，則由臺灣鐵路公司主導，兩大都更案齊頭並進，未來將在此矗立大樓，成為車站再發展的強力引擎。

在大車站計畫中，「大平臺」是重要的規劃主軸，目前在新設立的臺中車站已可見雛形，透過僅容行人通行的二樓平臺，未來可以向外串聯至天橋、一樓廊道、二樓廊道，沿著主要道路連接到周邊的「大臺中轉運中心」、其他重要設施與景點，營造人車分流且便利安全的人行空間，概念與日本的新宿車站相似。

新宿車站為東京都重要交通轉運站，每日客流量總和逾三百五十萬人次，被金氏世界紀錄認定是全世界最繁忙的車站，也是流動效能最高的車站。另外，澀谷站則是匯集四大鐵路公司的九條路線，且不斷進行車站建築擴建與改造，因此形成地上地下相互聯通、錯綜複雜的結構。

都市更新研究發展基金會執行長麥怡安表示，日本的都市更新多與車站有關，尤其新宿與澀谷車站地區發展已久，更新過程是典型「穿著衣服改衣服」，整體運營不能停，周邊大樓也持續更新，更重要的是透過平臺連通快速疏通人流，臺中市可做為借鏡。

大平臺概念分流人潮車潮

透過「大平臺」的設計，未來旅客在臺中車站周邊可安心散步慢行，以臺中新車站為核心，透過平臺、廊道、天橋系統及綠空

日本澀谷站透過平臺連通，快速疏通多條鐵路路線的人流，可供其他城市借鏡。（圖片來源：SHUTTERSTOCK）

軸線，將人潮分流至干城商業區及臺糖湖濱生態園區、舊城區、綠川水岸等據點，不僅紓解舊市區交通及停車問題，營造友善行人空間，自行車也可以優游在舊城區之中。

大車站計畫除了展望未來，同時守護過去。

臺中市政府都市發展局統合的「綠空鐵道軸線計畫」，配合臺中車站古蹟活化運用、舊倉庫群及綠空歷史元素的「綠空鐵道1908」南段已完工開放；北段也在2021年完工，可銜接到臺中帝國製糖廠，未來也將串聯干城商業地區、興建中的大臺中轉運中心，成為連結新舊的時光之廊。

至於鐵道沿線遺留下的豐富文化資源，也正委託專家盤點評估中，包括前站的新民街倉庫群、後站的二十號倉庫群，另外還有防空壕及碉堡群，具備舊有建物構造之美，也記錄臺中車站的階段發

展,更讓人緬懷戰時防備的歷史性,因此臺中市政府均已申請為歷史建築,未來將打造成新舊共融的鐵道文化園區,形塑臺中新門戶意象。

「這些臺鐵留下來的倉庫群,未來注入音樂、藝術等文化元素,很有機會塑造成新加坡克拉碼頭的景致,吸引市民來此休憩,甚至是國際遊客前來觀光,」李正偉樂觀期待著。

臺中車站周邊重大建設計畫已見雛形,吸引國際資金如三井Shopping Park LaLaport進駐,帶動休閒觀光人潮。(攝影:薛泰安)

過去數年，臺中市政府串聯各局處，挹注資源在臺中車站周邊，包含大智路的打通、打造臺中鐵道文化園區及臺糖湖濱生態園區，鐵路高架化後城市再造，臺中車站周邊各項重大建設計畫已見雛形，開始帶動民間投資、甚至吸引國際資金，例如三井Shopping Park LaLaport就進駐於此，吸引一波休閒觀光人潮。

麥怡安認為，舊城區要復甦，有賴市政府推動大型建設示範帶頭，中區為數眾多的私地主才有信心跟隨在後，近幾年臺中市房地價格因產業興盛而水漲船高，在商言商的投資者看得見效益，舊城區的復興自然也能看得見希望。

國際接軌

分散車站人、車潮的解方

日本東京副都心的新宿車站，被金氏世界紀錄認定是全世界最繁忙的車站，同時也是流動效能最高的車站，主要原因在於有三個方向的出口。

其中，南口與東、西口互不連通，分別位處於月臺層的上方與下方，換言之，行人若是要往南口方向前進，踏出列車後就要從月臺層往上行，另有多條高架天橋通道，可連接周邊大樓與景點；如果要到達位處東、西口的目的地，就要先下到地下一樓，從地下街道轉出，因此人流可以快速被疏散。

臺中車站的共站分流大平臺計畫也有雷同概念，希望藉由平臺轉換、連通天橋，快速分流人潮及車潮。

公私協力，
老商圈重現生機

一座偉大的城市，仰賴具遠見的都市設計、雋永的建築來構築，但是，最核心的要角，仍是夜以繼日、生活其中的居民。

透過閒置空間媒合，讓舊空間有了新氣象，延續容納歷史人文、故事傳承的記憶。圖為Change X Beer南園酒家。（攝影：薛泰安）

根據臺中市政府統計，中區的總人口數約一萬七千人，在臺中市下轄二十九個行政區中，僅險勝位處山地的和平區與石岡區。

　　臺中市政府曾經投注許多資源，試圖把人流帶回中區，包括委託顧問公司規劃「百億救中區」計畫；或是專為中區修改自治條例，試圖催生「臺中蘭桂坊」，希望憑藉振興產業來活絡中區；也努力爭取經費協助改造繼光街商圈，提升行人步行消費的意願。

　　為了更接地氣，臺中市政府甚至招募團隊直接進駐中區改造，除了進行資源調查，也舉辦短期活動擾動在地。

　　曾經在大學時期體驗中區繁華的中城再生文化協會理事長蘇睿弼，歷經大學畢業、日本留學後回臺任教，在擔任東海大學建築研究中心主任時再次踏入中區，舉目所見是意想不到的荒涼而深感震撼，於是帶著學生一頭栽入中區再造，至今也十年有餘。

　　蘇睿弼回憶，當年帶領團隊租下廢棄銀行的二樓，整理出約150坪的空間，打造成「中區再生基地」，除了駐點工作外，另以低廉場租提供年輕人在此舉辦活動，並舉辦學生競圖系列活動，透過工作坊帶學生認識中區。

　　不僅如此，適逢「宮原眼科」開幕，臺中在地糕餅業者日出

集團買下日式老宅邸，由內到外重新打造，憑藉其商業操作，加上社群媒體的推波助瀾，頓時成為熱門的打卡點，沉寂多時的街頭，開始出現不少打扮時髦的年輕面孔。

「這些年輕人在宮原眼科吃完冰淇淋，還可以去哪裡？於是我們推出紙本《大墩報》，主題式蒐羅中區特色建築與商家，讓遊客可以按圖索驥走讀，」蘇睿弼表示，製作一份刊物，需要召募至少二十到三十位年輕人爬梳歷史、拍照採訪、美編協作，透過各式工作坊與展覽活動，讓更多年輕人認識、喜歡中區，進而衍生出許多希望振興中區的年輕團隊，包括好伴社計、臺中文史復興組合、綠川工坊（後改名為綠川漫漫）、TC Time Walk、寫作中區等團體，效應如同滾雪球般，沉寂多時的中區，終於注入涓涓活水。

空屋媒合活化閒置宅

臺中市政府經濟發展局同時委託中城再生文化協會推動「中區空屋媒合計畫」，第一要務是地毯式盤點中區房屋，走訪調查中區六十幾個街廓的房屋使用狀況與產權，遇到窗戶破的、信箱塞滿廣告信件的就列為空屋。

「當時整個街區至少三分之一以上的房屋是閒置的，甚至有的街廓一半以上是空屋，愈接近車站、空置情況愈嚴重，」蘇睿弼表示，團隊篩選出產權相對單純的中小型空間，聯繫遷居外地的屋

主,詢問活化出租的意願,並媒合引介適合的青創團隊。

透過閒置空間媒合,社會設計工作者「好伴社計」、餐酒館「Change X Beer南園酒家」、建築師主導的「繼光工務所」都進駐於此,舊空間有了新氣象,延續容納歷史人文、故事傳承的記憶。

好伴社計共同創辦人邱嘉緣從小在臺中市區長大,大學時期北上求學,因為參與中區再生基地舉辦的工作坊深受感召,同年決定與大學同學回臺中創業,籌設「好伴社計」。研讀社會系的她,希望能透過公民參與來回應複雜的社會議題,透過社會設計來創造公共利益。

成立公司,最先要解決的是工作據點,邱嘉緣表示,「當時我們也參與空屋媒合,陸續找過好幾間房子,不算很順利,不是找不到屋主、就是屋主不願意釋出,」最後輾轉相中了民族路的日式老宅,透過歷史爬梳,得知房子是1931年興建,當年掛上的店招是「白律師事務所」,到現在建築立面都還能依稀看得出招牌字樣,重點是產權相對單純,由白姓屋主與兩個兒子持有。

邱嘉緣與夥伴透過網路搜尋,先聯絡到住在美國的兒子,再與已移居高雄的白姓屋主妻子接洽。年輕人懇懇懇南下親自拜訪,聊過幾次之後就打動屋主,點頭讓他們進駐。但是房子已荒廢多年,好伴社計投入一百多萬元重新整修,房東也慷慨應允前期免收租金,這群年輕人就此扎根,此後對中區風起雲湧的相關倡議與活

動,幾乎是無役不與。

　　好伴社計曾經跟隨臺中文史復興組合與中區再生基地發起保存舊鐵道的活動,舉辦多場工作坊與說明會,盼到了綠空鐵道的誕生;也跟綠川工坊一起溯源、淨川,還邀請故事表演團體進行一場環境劇場,吸引公眾目光,最後迎接綠川開蓋。

　　「在最熱絡的那幾年,舊城區的公共行動豐富多元,民間動能

中城再生文化協會催生出鈴蘭通散步納涼會,逐年擴大範圍,加入展覽、街頭表演、特色市集,儼然成為城市大型慶典。(圖片來源:中城再生文化協會)

充沛，有多達二十六個協會或社團投入在此，」邱嘉緣與有榮焉地說道。

如今，好伴社計依然在中區活躍，例如與鄰近的大同國小美術班合作舉辦工作坊，讓孩子走讀綠空鐵道，對於街區鄰里有更深入的了解，也籌劃綠空野餐日，邀請不同社群來此擺攤互動，吸引遊客前往。有了在中區號召社群的養分與經驗，好伴社計也將觸角向外，進一步參與臺中市社會住宅的社群經營。

「鈴蘭通散步納涼會」促商機

由於臺中市政府的計畫支持，中區再生基地多年來播下的年輕種子，陸續在中區深耕茁壯，而計畫主持人蘇睿弼在2018年正式成立「中城再生文化協會」，希望吸引較有經濟基礎、對中區情感也深厚的中壯年人，共同投入中區商圈經營。

協會成員的創意與行動力不輸年輕人，2019年催生出「鈴蘭通散步納涼會」，鎖定臺中最舒適的秋季週末，在中山路封街舉辦變裝遊行，往後一年比一年盛大，封街範圍愈來愈廣，陸續加入展覽、街頭表演、特色市集，儼然成為城市大型慶典。

根據臺中市政府統計，2023年的第五屆鈴蘭通散步納涼會，短短兩天狂吸五萬人次，創造了大約一億一千萬元的商機。

鈴蘭通散步納涼會活動的緣起，來自於中城再生文化協會祕書

長陳冬梅在協會理監事會討論時的發想。陳冬梅的父母過去在臺中第二市場經商賣米，從小在中區長大的她，後來到臺北念大學、進入科技業拚搏、結婚定居。直到父母過世，才決定按下暫停鍵中年回鄉，在老家附近的中山路上，買下一間屋齡七十年的老屋，經過蘇睿弼與建築師葉育鑫巧思改造，開設「味無味」餐館，並投入活化中區行動之列。

有日，臺中在地的日本舞踊老師西川淑敏，帶著學生來「味無味」用餐，一行人身穿和服，所到之處都是眾人目光焦點，成為中城再生文化協會的繆思，封街遊行的創意發想油然而生。

協會協調附近店家串聯布置，加上在地的「Change X Beer南園酒家」也規劃了啤酒節活動，可玩、可逛、可吃喝拍照，行人成為街區主角，第一次舉辦就造成轟動，被公認是臺中最多元的藝術文化交流盛典。

願意留下就有再生機會

「鈴蘭通散步納涼會」不僅聽起來響亮，更是考究歷史。過去日本最熱鬧的商店街，都會有整排的鈴蘭花造型路燈，所以被稱為「鈴蘭通」，而臺中第一條被鈴蘭路燈點亮的街道，就是臺中車站前的中山路。

中區濃濃的日式風情及熱鬧街景，是老臺中人無法取代的回

憶，一年一度的鈴蘭通散步納涼會，讓更多遊客及年輕族群深入了解舊城區的人文歷史。蘇睿弼透露，有年輕孩子參加完活動後，回家跟父母分享，父母才娓娓說出自家在中區就有一棟老房，促使年輕人重回中區、整理老家。

　　透過鈴蘭通散步納涼會活動，蘇睿弼希望讓更多人體會悠閒走在中區街頭的美好，親近、認識它，進而願意留下來，舊城區就能擁有再生的強大動能，終將迎來復甦的那一天。

實踐計畫 **4**

Rebirth of Old Buil

老屋重返青春，
續說動人故事

DINGS

建築導入循環經濟（circular economy）已成為全球趨勢，
除著力於規劃設計的思維及建築生命週期管理，
老屋的活化利用，亦是城市永續發展的重要施政方向，
除能有效改善空間環境及居住品質、提升土地使用效能，
還能保存在地文化、重新活絡在地商業，
成為城市實踐循環經濟的重要策略。
臺中市透過都市更新計畫，
促使臺灣光復後興建的省府宿舍群及眷村陸續華麗轉身，
也透過獎勵與補助辦法讓一棟棟的街屋拉皮整型，找回歷史印記，
委由輔導團加速危險老舊的建築重建，
從點到面地逐步改造，全面優化城市風貌。

閒置眷舍大翻身，
帶動在地經濟

都市更新有很多處理方式，「打掉重練」是過去主要執行方法。隨時代演進，再生、活化利用的維護整建日益重要，因為得以保留人文特色甚至更受推崇，臺中市的審計新村就是著名的例子之一。

活化利用的審計新村範圍約1,500坪，包含各式商家，戶外市集更是一大特色，讓遊客怎麼逛都不膩。（攝影：薛泰安）

臺中在地耆老談及過往，常以「光復前」、「光復後」做為分水嶺，光復後的國民政府帶來大量外省軍民移入，造就一處處獨具特色的聚落，儘管建築年歲不到一甲子，仍富藏深刻的人文痕跡。近幾年，臺中市政府從審計新村、光復新村到清水眷村文化園區……，閒置眷舍的活化利用，為都市更新帶來不同的思維。

西區的審計新村堪稱最成功的經典案例。每逢假日，臺中市的遊客順著草悟道南北流動，文青多愛一路向南到審計新村朝聖。雖然整個區域範圍大約只有1,500坪，卻有餐飲、咖啡、甜點、冰淇淋、文創小物、手工藝品各式商家，戶外市集尤其是一大特色，遊客可以在戶外攤位走走逛逛，累了轉身進到充滿時代感的建物內納涼歇腳。

審計新村原是臺灣省政府審計處與新聞處的官員宿舍，於1969年興建完成，隸屬於國有財產局，是中部繼光復新村、中興新村、長安新村之後的第四批臺灣省政府宿舍群。

當公務人員陸續遷出，村內十二棟兩層樓高的透天建築閒置多年，由臺中市政府都市發展局與中興大學共同承租，並投入資金修復，再委託民間文創、旅店經營設計業者「地表最潮」經營，另保留三棟建築予勞工局執行「摘星青年、築夢臺中」計畫，公私協力，全力推動審計新村轉型為創業基地與文創園區。

因位於臺中市民生路368巷，又被稱為「審計368新創聚落」。

目前一樓共設置約四十間店面，經常性滿租，二樓另規劃青年旅館「地表最潮文旅」，共十二間房、六十張床位，建築之間的廊道每日舉辦「暮暮市集」，以低廉租金邀請大學生及青年擺攤，新創氣息濃厚，總是能吸引遊客駐足停留。

負責營運招商的地表最潮執行長吳宗穎表示，目前暮暮市集每月至少三百位青年報名，經過內部審核，平日攤位至少有五十個、假日則多達百餘個，儘管有青年持續報名，但仍保留二到三成給新進成員，提供尚未有能力開店的微創業者一個展演空間，其中不少遠從北部、南部而來的青創業者在此集結，儼然成為中部最大的新創聚落。

根據審計368新創聚落統計，目前週末單日旅遊人次最高可突破兩萬人，一年吸引至少兩百五十萬人次造訪，吳宗穎形容審計新村是一座「有機發展、歷史堆疊」的聚落，前總統蔡英文也曾在此接待外賓參訪，已成為臺中市具國際吸引力的重要景區。

審計新村的外擴效益

在審計新村一旁巷弄內的藝廊兼咖啡空間「Common+」，主理人孫良佐從小在西區長大，對舊時街區樣貌仍歷歷在目：「過去審計新村外築起圍牆，外人不能隨意進出，對周邊居民來說是相當

神祕的空間。當時我有同學就住在裡面,才有機會一探究竟,其實房子不大、房間更是小。」

由此不難理解,建物二樓的青年文旅隔音與隱私條件並不算好,但是其特殊的空間氛圍,對眷村子弟來說是懷舊,對一般常民來說是嘗鮮,因此不少遊客前來體驗,並在網上留下佳評:「非常好的地理位置,白天很熱鬧有特色,晚上很安靜,沒有吵雜的聲

審計新村特殊的空間氛圍,對眷村子弟是懷舊,對一般民眾則是新鮮。(攝影:薛泰安)

審計新村的暮暮市集以低廉租金邀請大學生及青年擺攤，新創氣息濃厚，總是能吸引遊客駐足停留。（攝影：薛泰安）

音，很好入眠。」、「房間就是眷村宿舍，很有那個年代的特色，有住在阿嬤家的感覺。」

　　審計新村之所以能夠成功翻轉，受惠於地理位置優越，委外的經營團隊也擅長舉辦活動及招商，特色店家與攤商時常輪動，讓遊客一逛再逛也不膩。

　　持續增加的人潮外溢，漸漸地也吸引較具經濟實力、中壯年的店主進駐周邊老屋，掀起整建再生的風氣，影響擴及外圍。

　　Common+主理人孫良佐，本是燈具照明製造業第二代，由於傳統產業隨時代變化需要轉型，不能只埋首工廠製造，也要加強宣傳與行銷，便在公司支持下，承租審計新村周邊的透天建物，一樓做為手沖咖啡與燈具展示空間，二樓是藝文展覽空間，致力推廣藝術並支持在地創造者展示作品。

改造老屋除了需要資金支持，也要有極大熱忱，「透天老屋屋齡三十年起跳，屋況並不好，難免有漏水、管線老舊、髒汙問題，需要投入大量時間、心力去整理，幸好屋主認同我們的理念，願意第一年減免房租，甚至還贊助修繕費用，」孫良佐表示，營造商圈質感，有賴屋主與商家凝聚「共好」意識，才能走得長久。

因商圈活絡，審計新村外圍的特色商家也一間間創立，建築外觀重新拉皮、內裝空間悉心打理，有的販售精緻甜點、有的陳列手工皮件與衣著。這裡的店主人不只是銷售商品，更多是為了呈現理念，商圈充滿美學與藝術性，以生機勃勃的新創模式，延續舊建物的生命。

在地特色形塑新風貌

有別於審計新村的緊湊分布，位於霧峰區的光復新村，則是庭院寬闊、老樹成蔭，空間相對有餘裕的眷村。

光復新村前身為省政府教育廳、衛生處、印刷廠員工的眷屬宿舍，以當時最新的「花園城市」概念，規劃低人口密度、高綠覆率的生活空間。住戶最多時達四百多戶，內部有學校、公園、市場等完善的公共設施，環境清雅，街道整齊。村內還設置了臺灣第一座雨水、汙水分流的下水道系統，在都市建築史上地位特殊。

1999年實施精省，加上之後遭逢九二一大地震，鄰近車籠埔斷

層的光復新村受損嚴重，居民先後遷出，村內的光復國中校舍坍塌毀損，操場受擠壓隆起數公尺，後來規劃成九二一地震教育園區，成為實境教材。周邊眷舍則先由文化局登錄成為臺中市「文化景觀」，逐步修繕房舍，再由勞工局執行「摘星青年、築夢臺中」計畫，輔導青年進駐創業，持續進行空間的活化利用。

除了位據山麓的眷村，幅員遼闊的臺中市，歷史文化軌跡也遍及海線，沿線共有八座眷村，其中清水眷村文化園區，是國防部劃定全國十三處眷村文化保存區之一，地底下為史前「清水中社遺址」，地上建築則歷經日本海軍第六燃料廠新高廠員工宿舍、空軍後勤眷舍信義新村的空間轉變，形成豐富的文化資產。

眷改緊扣歷史意涵

1996年《國軍老舊眷村改建條例》發布實施後，國防部積極推動老舊眷村改建，清水地區的眷村地景一度面臨消逝危機，為延續人文歷史，臺中市政府都市發展局將原有的住宅、道路用地，透過都市計畫變更改為「眷村專用區」。

2019年，更進一步劃定出近2萬坪的「原清水信義新村聚落建築群」，不僅包括地上的舊眷舍，也涵蓋地下的史前文化「清水中社遺址」，發展緊扣古蹟、聚落建築群文化景觀等歷史意涵。

目前清水眷村文化園區已修復的四十二戶，為連棟式老房舍，

穿梭巷弄可感受到過去鄰里相濡以沫的文化，一轉身更能見到開闊油綠的田園，保有農村風情的閒適步調，是少見的農村型眷村。

　　「在地特色」為臺中市舊眷舍提供整建修復及活化利用的方向，並透過臺中市政府各局處資源整合，為地方注入活水振興經濟，也改善環境空間。

老屋拉皮整型，
找回年少記憶

歷史聚落、老屋的修復再生是條長遠的道路，必須有持久努力的覺悟。公有土地及建築可以由政府主導規劃，引入專業團隊悉心復舊；私人建築則可透過各種鼓勵或補助辦法，提高整建維護意願，並進一步促使屋主關注外部環境。

回應臺中市政府的中區再造，明通製藥第二代打造明通行商旅及藥事文化館，讓民眾了解明通製藥的過往歷史。（圖片來源：明通行商旅）

多年前，臺中市政府委由民間再造中區，促成「中區再生基地」的誕生，希望扎根在地，透過舉辦活動、創立工作坊帶來人潮，結果產生的效益不是媒體報導的一日風光，而是讓早已移居他處的屋主把目光移回老家。「明通製藥」第二代張光發就是在這樣的氛圍下，決定把二十年前關門大吉的明通大飯店，再「開」回來。

　　「媽媽是飯店的創辦人，歇業多年後，仍心心念念這棟房子該怎麼辦，每天晚上她還是回到飯店二樓睡，屋裡的佛堂也依然香火未斷，」大學畢業後就在臺中市西屯區開牙醫診所的張光發，每晚回飯店陪母親禮佛，協助開窗通風，最後因不忍母親的掛念，終於說服兄長同意，整合全棟飯店產權後接手整頓。

　　張光發行醫多年，對商業經營並不熟悉，一開始只打算整棟委外，每月輕鬆收租即可，但房子閒置多年，勢必要大幅整修。承租方粗估後認為，至少要耗資千萬元才能商轉，為此大砍月租金。最後，雙方因為沒有共識而破局，張光發只好硬著頭皮自己「撩」下去做。

　　門外漢靠著過去行醫累積的人脈，找到設計師與工班，重拉內部管線、安裝冷氣、裝修木作，費時兩年才讓房子內裝現代化，2020年終於申請到觀光旅館業營業執照，「明通行商旅」正式開幕。

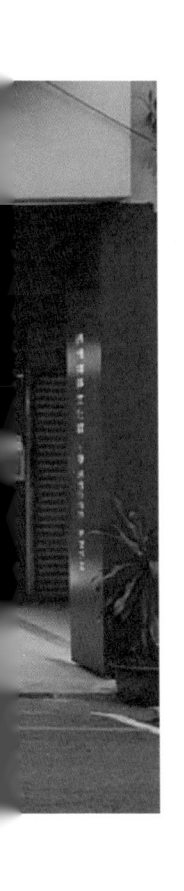

「當時我們在二樓舉辦一個小派對，媽媽也來了，看到媽媽放下心中大石開心的樣子，一切辛苦都很值得，」張光發欣慰地說。

為了緬懷早在1980年過世的父親——明通製藥創辦人張日通，張光發還在地下一樓打造「明通藥事文化館」，遊客可透過預約參訪，走入時光隧道，見到明通製藥的過往產品、生產工具及行銷文物，聽到早年人人耳熟能詳的「明通治痛丹、治痛真簡單」的廣告播放。

張光發靠著家族支持、過去行醫的身家累積，再加上銀行貸款，足以支應建物的翻新與改造，但是老舊街區內有不少老住戶，雖有想法，卻受限於經濟能力而無法行動，政府的補助便成為很重要的支持動力。

老屋整修補助老店加值

為活化臺中火車站周邊老舊街區，臺中市政府都市發展局推動「臺中市老舊街區活化整修補助計畫」，協助屋齡達三十年以上的舊屋改善外部景觀，也適用於室內裝修，逐年編列預算。

2024年公告每案補助金額上限一百二十萬元，如位於特色街區範圍內，包含市府路、平等街、中山路、臺灣大道（原中正路）、民族路、成功路等路段，則提高為一百五十萬元。申請人須自籌至少總工程款的30%。「銀都西裝社」店主人林遠山，就是透

透過「臺中市老舊街區活化整修補助計畫」的協助，銀都西裝社得以改造門面與內裝，留下手作的溫度。（攝影：薛泰安）

過該計畫改造門面與內裝。

　　銀都西裝社位處中區中山路上一排透天街屋之中，騎樓上方的牆面，以鏤空鐵材揭示了1949年源起的老字號，透明玻璃讓人一眼望穿，內部陳列著精緻的布料、挺拔的西裝成品，復刻電影《金牌特務》內手工訂製西裝店的高雅氣質，與周邊外牆剝落的鄰屋相比，特別醒目。

　　店主人林遠山是第二代老闆，早年因為父親身體健康問題一肩扛起家業，至今仍堅持手工縫製西服，然而因為第三代沒有接手意願，林遠山一度打算退休閉店。不過，赴美學設計、目前在東海大學教書的兒子卻相當鼓勵父親，善用臺中市政府的補助，改造祖父留下的起家厝，讓更多人感受手作的溫度。

　　於是，兒子協同設計、林遠山再投入資金，挺過疫情期間不得

群聚施工的重重困難,終於在2022年完工。此後,林遠山也更積極投入鄰里,成為中區小旅行的據點,也樂意對外講述手工西服的製作、街區樣貌的演變,成為中區文化傳承大使的一員。

都更整建維護,重啟人文薈萃時光

中區還有不少基地面積逾百坪的老建築,維護整建的金額高昂,有些屋主實在沒有心力與金錢再投入,但也不捨房屋被粗暴對待,因此悉心篩選有意接手的新屋主,透過接任者的財力與眼界,整頓後重啟運營、再顯風華,「中央書局」就是一例。

創立於1927年的中央書局,曾是全臺最大的漢語書局,更是南北文化人士的聚會地點、新思潮的傳播驛站,創辦人及股東均為日治時期的仕紳文人。二戰結束後,中央書局遷移至中正路現址,肩負智識啟蒙及延續文化的責任,是許多老臺中人的回憶。但運營七十一年,最終仍不敵連鎖書店的興起,於1998年熄燈。

後來建築物易手,陸續出租給婚紗、便利商店及安全帽店,大大的廣告帆布遮住了和洋混合、對稱優美的建築外觀,內部裝潢也難以窺見其過往光輝。

直到2014年租約到期,深怕建物被拆除的中區再生基地發起人蘇睿弼、作家劉克襄請命奔走,說服了對中央書局充滿深厚回憶的張杏如女士承租。因為必須注資重新整修,兩年後索性由張杏如

捐助的「上善人文基金會」取得建築所有權,並獲得臺中市政府都市發展局的都市更新整建維護補助,得以「修舊如舊與重修舊好」的精神,手腳大開地啟動重生之路。

歷經二十二年熄燈、三年修復,2020年中央書局終於在原址重新開幕,邀請臺中市市長盧秀燕、上善人文基金會董事長詹宏志、董事張杏如,以及眾多文化人共襄盛舉,彷彿時光再倒流至初始的

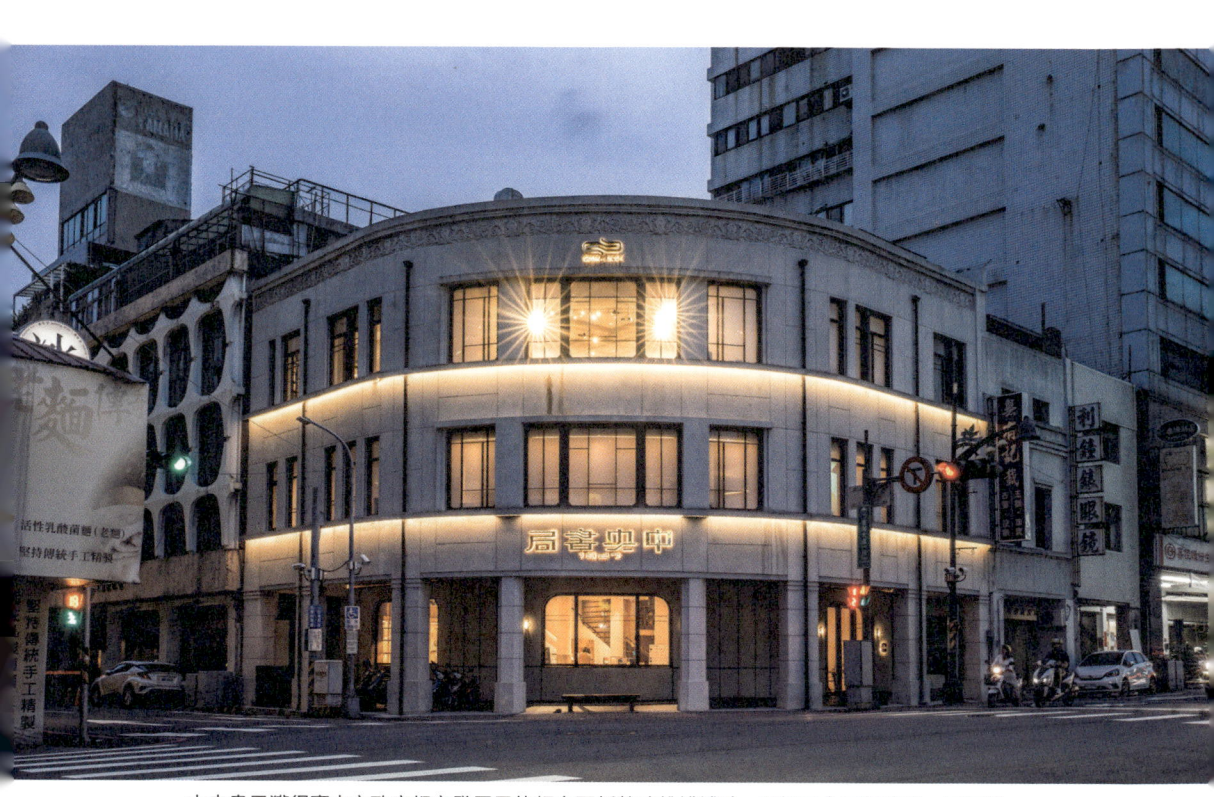

中央書局獲得臺中市政府都市發展局的都市更新整建維護補助,歷經二十二年熄燈、三年修復,終於在原址重現風華。(攝影:薛泰安)

人文薈萃。

中央書局再次粉墨登場，擔起文化沙龍的要角，外觀素雅古樸、空間透光明亮，寬敞開放的室內定期舉辦讀書會、作家料理、藝文展覽等活動，讓人徜徉在靜謐的時間流裡，同時浸淫書香。

翻轉歷史舊屋創新商機

近年，中區市府路還有另一座文化新據點「1035 collab」複合式空間，同樣是由新屋主接手後才得以重生。

1035 collab最早是鈴木耳鼻咽喉科醫院，再由吳眼科接手、經歷兩代後，被具有建築背景的業主買下。前棟店面申請都發局的都市更新整建維護計畫補助，後棟則申請文化局補助。負責設計、監造的建築師，憑藉著對舊城街區、老屋工藝的情感，費時六年改造，終於在2022年重新開幕。

李預萍是臺中在地人，就讀臺中女中時對中區並不陌生，東海大學建築系畢業的她，也曾經選修蘇睿弼教授的課程，更深一層地了解中區。大學畢業、出國、北漂幾年後，她與同為中部建築師的先生決定定居臺中，「中區的巷道空間非常人性化，也處處充滿歷史，」她坦言非常喜歡當地的氛圍，於是想在附近找據點開業。

當時吳眼科仍在營業，一樓保留著診間與候診室的原貌，二樓則成為醫師休憩空間，原來的房間堆疊雜物成倉庫，部分屋頂也

破損失修，不過，並不減少建築本身的動線魅力，透過診所旁的過道，可以穿過中庭來到後棟建築，更後方還有一個日式庭園。「那是早年人力車進出的空間，可將主人載送到後棟的自宅，充分展現日治時期住宅空間的餘裕，」李預萍解釋。

也因為愈看愈著迷，他們心中揣想著如何重整復舊，更尋思擘劃未來的營運藍圖，於是直接找上屋主詢問是否願意割愛。吳眼科診所面寬夠大，又有前後棟深度，曾多次有買家委由中區再生基地居中探詢屋主出售意願，卻都被一口回絕，但是有想法也有能力修復建築的建築師們打動了屋主，終於將百年老宅買下。

「當年很多親友不理解，為什麼要花這麼多心力整修一棟老屋呢？蓋新屋絕對比修復老屋來得簡單且快速，」李預萍說。例如舊窗框原本是淺藍色的漆，師傅必須小心翼翼地拆下、刨掉舊漆、全部構建拆開、重新上漆後，再依照原構法組裝夾上玻璃，只有找到以前的老師傅才有能力及耐心來做這件事。原屋的木結構有些仍安好，於是一一編號拆下，整理後再裝上，整個工程的繁瑣猶如古蹟修復，然而再生的空間處處是細節與驚喜。

因為老房子禁不起一改再改，在整理房子及規劃初期就必須設想好，未來要引進哪種類型的商業活動，再依照需求修改空間機能，以減少老屋的負荷。透過商業營運，老建築才能重新裝載人與活動，創造新風景。

1035 collab 是藉由都市更新整建維護計畫補助，修繕成為文化新據點，留設展覽空間，不定期辦展、公益開放給遊客。（圖片來源：李預萍建築師事務所）

　　如今，1035 collab的空間承接上世紀的老靈魂，前棟縈繞著咖啡香，穿過一樓的廊道、越過小巧精緻的日式庭園，後棟是靜態的建築師事務所、家具選物店及烘焙工作室，另外也留設展覽空間，不定期辦展、公益開放給遊客，在百年建築中神往歲月風華。

住戶花五年存錢，大樓成功拉皮

　　透過個別屋主的努力，產權單一的獨棟建築就能再展新顏；然而有眾多所有權人的公寓大廈要啟動建築外觀修復工程，則有賴強而有力的管委會與住戶同心推動。位處於北區梅川河畔、耗時多年運作完成外觀拉皮整新的「惠宇公爵大廈」，就是極成功的案例。

　　「不是每棟房屋都必須暴力弭平重建，」惠宇公爵大廈社區前主任委員壽台芳認為，只需要定期修繕維護就能彰顯出舊建物的價

值,前提是住戶必須改掉對於社區公共空間得過且過的鴕鳥心態。

在營造公司任職的壽台芳非常清楚,臺中市新興重劃區內外觀新穎、綠意盎然的大樓一棟接一棟地興建,但市區生活機能好的舊大樓公設比低、室內使用空間實在,仍相當有價值。因此2014年換屋時,她選擇了屋齡已二十年的惠宇公爵大廈。

「當時大樓牆面的磁磚掉落,四周還搭設了攔截網,外觀實在不吸引人,」壽台芳說自己並未因此卻步,而是在成為社區住戶後,積極參與管委會,於召開區權會時成功說服多數鄰居,應該趁政府政策鼓勵、撥款補助時趕快整修建物外觀,早做早享受。

不過,第一個遭遇的困難是,政府審核嚴謹,申請補助的建物必須沒有違建,並符合現今消防及無障礙設施的規範;但早年管委會力道不強,導致住戶隨意加蓋,加上家電日新月異、配置方式改變,光是分離式空調主機的擺法參差不齊,協調各住戶守法配合就花了不少時間。

此外,外觀整新動輒耗資千萬元,儘管政府提供補助,社區仍必須有自籌款項,經過試算,一戶至少需要負擔三十萬到三十五萬元。於是壽台芳說服鄰里,每月多繳五千元的管理費慢慢存,花了將近五年時間把自負額準備好,同年申請到臺中市政府都市發展局編列的「臺中市都市更新整建維護補助」,終於放心開工。

壽台芳指出,在剝除大樓舊磁磚時發現一些外露的鋼筋,於是

趁機做了結構補強，也額外施作防水工程，另重新檢視社區的消防與無障礙設施，讓建築可繼續長住久安。

壽台芳現在依然號召住戶繼續存錢，「接下來必須因應法規更換消防灑水設備，這些攸關公共安全，不能心存僥倖。」也因為住戶齊心齊力，才能迎來一個更符合時宜的居住空間。

藉管理組織之力，讓街區改頭換面

公寓大廈有社區管委會，運作良好即可維持社區的營運品質，但是老舊街區以連棟透天為主，若屋主以私有產權為由，放任老屋破敗，會對整個街區造成「破窗效應」，環境每下愈況。

展望老舊街區的再生未來，中城再生文化協會理事長蘇睿弼提出日本經驗的「市鎮管理組織」（Town Management Organization, TMO）做為解方。他解釋，如果能透過類似管委會的組織，定期召開會議、擬定管理辦法，不僅可以凝聚街區向心力，對屋主也能產生一定的約束力道。

舉例來說，有些空屋的騎樓髒亂不堪，導致行人不想走進街區，造成正常營業的商家困擾，倘若有一個類似街區管委會的組織，就可以要求空屋屋主支付清潔費請人代勞，而非放任不管，至少能維持街區整潔。

此外，中區很多建物是在現有建築法規立法之前就蓋好了，

街道狹小、單一建物的尺度不大，當面臨改建，立刻就遇到目前建築法一定要配置停車位的困境，導致中區多處於單一亮點式的復甦。

蘇睿弼建議，臺中市政府可以針對中區制定自治條例，鼓勵成立市鎮管理組織，導入民間自主管理的力量，並配合建築法規的鬆綁，如此一來，街區復甦由點、到線，最後改頭換面，指日可待。

國際接軌

社區自主治理活化商街

日本為促進商店街的自我活化，制定有《市中心區活化法》，其中有「市鎮管理組織」（TMO）的制度，這個非營利組織由構成地方運營的主體來參加，包括商家、企業、專家與政府行政人員、市民等，藉由資訊公開交流、講習會、公聽會、商街活動等，逐漸凝聚共識，改變居民意識。

換言之，商街活化的主體從行政部門轉到地方社區，社區自主治理成為商街再造的主軸，目前日本全國通過認定的TMO機構多達數百個。

臺中市政府也參考TMO精神，推動研擬《臺中市優化商區發展自治條例》草案，盼再造商圈特色文化。

專業輔導團，
加速危老重建

一般人對臺中市的印象就是新興重劃區內一棟棟簇新漂亮的高樓，事實上，臺中市屋齡逾三十年的老宅已經突破四十九萬戶，而且申請危老重建的開工件數在六都中名列前茅。

為了加速危老建物加速退場，臺中市政府委外成立危老輔導團，提高行政效率。圖為臺中市第一百件危老核准案臺中市豐原區豐東段。（攝影：薛泰安）

臺灣位處環太平洋地震帶，幾次的大地震造成屋垮、人命消殞的悲劇。為了讓危險老舊建築物加速退場，2017年內政部訂定的《都市危險及老舊建築物加速重建條例》發布施行，臺中市政府歷經觀望、磨合後，推動速度急起直追。

根據國土管理署網站公告資訊，截至2024年7月底的統計，臺中市危老建築開工件數已經來到536件，已高於原排名第一的臺北市530件，讓不少人訝異於臺中市危老重建的成效。

無論是都市更新或危老重建，過程相較於一般新建案更加繁複，臺北市因為已高度開發，建商朝都更或危老重建的方向努力爭取土地資源，多少有點不得不然；然而，仍有大片新興開發區的臺中市也有亮眼成績，難免出乎各界意料。

其中一項關鍵就在於，臺中市政府委託臺中市建築師公會成立危老輔導團，透過建立制度、專業輔導，讓民眾更加理解政策內涵，並加速行政流程。

優化機制提高行政效率

危老輔導團成員、臺中市建築師公會理事梁永森透露，各個縣市對於危老重建的輔導做法都不同，有的委由螞蟻雄兵式的危老重建推動師投入，凡上過培訓課程、取得證照就符合資格，所以代書、仲介或是房地產相關人士皆可以擔任。

「臺中市最大的不同在於，危老輔導團以建築師為主體，」梁永森解釋，處理危老重建的工作，雖然牽涉到貸款、稅賦減免，但80％至90％的工作都脫離不了建築師的專業。透過建築師第一時間接觸，了解標的物所在地、基地面積、房屋結構，即可判斷是否具備危老重建的條件，以免做白工。

梁永森舉例，「有些小型案子由於臨路狹窄，房屋高度受限，就算申請危老重建的容積獎勵，容積也用不完，我們第一時間就可以給出專業建議，民眾不需要費時、費力繞遠路。」

當符合資格、進入申請流程時，公家機關會要求備妥完整的文書資料，為避免後續文件缺漏、來回作業浪費時間，臺中市危老輔導團成立的第二屆，已經做出一本完備的「作業參考手冊」，讓申請者可以逐條確認是否備齊文件，甚至把該用印的位置也都清晰羅列。

為加速效率，臺中市政府都市發展局採簡化審查程序及聯合審查機制，所有相關業務科室，包括建造管理科、使用管理科、城鄉計畫科等都一起納入審查機制，預先針對未來申請建照時可能會出現的問題給予建議，因此一旦計畫成案，後續申請建照就非常快速，創造了臺中市危老建照核准率高達98.42％的高效率。

臺中市政府從2018年委託臺中市建築師公會成立危老輔導團至今，成果斐然，目前一些單純的危老案進入請照流程後，最快一

個多月就能拿到建照。

目前全臺中案件申請前三名的行政區分別為北屯區、北區與西屯區，其中，公司法人占比達61.73%，自然人則為37.35%。從數據中可以看出，臺中市政府都市發展局優化行政效率，不僅提高建商加速整合老屋進行重建的意願，也有不少一般屋主願意投入重建。

容積獎勵非唯一誘因

值得一提的是，容積獎勵並非是危老重建的唯一好處，貸款也有很大優惠。危老輔導團成員、臺中市建築師公會常務理事吳俊明解釋，過去一般老屋重建，銀行頂多提供四成貸款，但是透過危老重建計畫，政府提供信用保證、利息補貼，貸款成數可以大幅拉高，對於資金不足的屋主來說幫助很大。

臺中市東區旱溪東岸的舊輕型工業區，有一棟1980年代家庭兼工廠的二樓小屋，50坪的基地面積扣除道路用地後僅剩35坪，儘管空間不大，屋主仍希望打造一個有前後院、小而美的新房，由於既有法定容積已能滿足屋主需要，因此並未申請容積獎勵，而是為了貸款需求辦理危老重建。於是，這座透天建築成為臺中市第一件取得建造執照、使用執照，並獲得全額融資的都市危老重建案。

稅賦減免也是申辦危老重建的一大誘因，臺中市第十一件核定的危老重建案就是典型的案例。該案是位在中清路旁的兩棟透天店

鋪住宅，屋主繼承父親遺留下來的五十年老屋，歷經九二一地震損傷後補強仍破舊不堪，所以希望母親仍健在時重建。結果設計過程中適逢危老條例頒布，便趁機申請，最後順利在2018年核定重建，2021年取得使用執照，除了享有容積獎勵，還獲得重建期間免徵地價稅、重建後地價稅及房屋稅減半的優惠。

放寬建築高度增加公共空間

危老重建的獎勵誘因還不僅止於此。由於許多老屋坐落在路幅狹小的巷道內，建築高度受限，臺中市政府於2022年頒布《都市危險及老舊建築物重建高度比檢討認定原則》，規定可藉由面前道路達8公尺以上的計畫道路，搭配增加整合危老重建戶數，以拉高建築物高度比。

例如，位於西區、屋齡達六十年且荒廢多年的家庭製冰廠，僅一側面臨10米計畫道路，便可符合放寬高度比的條件，再搭配建築退縮後，留設友善人行空間，並在地面層與屋頂種植多樣的喬木與灌木，重建後成為地上十樓、地下三樓的新大樓，保障居住安全，並帶入更多自然綠意改變市容。

臺中市老屋密度最高的中區，也在2019年迎來指標性的危老重建案。位於自由路上的東海大樓，曾經是老臺中人回憶滿滿的「東海戲院」，2020年宣布重建為集合式住宅大樓。這個案子特別之處

稅賦減免加上危老條例頒布，讓臺中中清路五十年老屋的屋主得以重建家園。（攝影：薛泰安）

在於，原建築的容積已大於目前建築法規的法定容積，如果沒有額外的容積獎勵，難有重建動力。

然而，透過規劃綠建築標章、耐震設計、建築退縮、無障礙設計，該案爭取到在原容積以外多達38%的重建獎勵，因而規劃為地上二十二樓高、地下五樓的地標型建築，建築線退縮後創造出來的公共空間，將施以綠化及公共藝術美化後，開放給鄰里使用。

加強把關公共安全

臺灣地震頻繁，為了居住安全，危老加速重建刻不容緩，尤其中區有不少屋齡在四、五十年以上，甚至是日治時期的建築，因年代久遠，房屋結構十分脆弱。

2023年3月30日上午十點多，位在臺灣大道一棟兩層樓老屋因

為鄰地施工，「轟」的一聲巨響應聲倒塌，三名工人當場埋進瓦礫之間，造成三條生命消逝的遺憾。

倒塌的房屋是位在臺灣大道一段299巷5號的房舍，研判是因為毗鄰的7號房屋進行重建，未做好防護措施，也沒有按照核備的計畫書施作，開挖地基時造成鄰房基礎裸露，土方突然減壓向右傾倒進而發生意外，而且5號屋倒塌時，連帶9號的建築牆壁也被波及，破了一個大洞。

事件發生後，臺中市政府都市發展局除了現場設置安全圍籬，也立即針對倒塌鄰房緊急處理，派工修補9號破損牆壁，也將3號土角厝建築覆蓋保護，避免雨水澆灌毀損。

同時，也立即委託社團法人臺灣省土木技師公會、社團法人臺中市土木技師公會及臺中市結構工程技師公會，針對中區已申請拆除或建造執照的在建工程工地辦理現場稽查作業，如有施工未依規定或有安全疑慮，除依規裁處並飭請立即改善，必要時得勒令停工。

積極面對工安意外以求防患未然

臺中市政府都市發展局考量老屋改建損毀鄰房的案例時有發生，事前防範更加重要，為了避免憾事再發生也立即宣布，全市新申請拆除或建築案件，施工計畫除標記施工建築物，也要標記鄰房

結構狀況，且承造人申報開工時，倘確認鄰房是五十年以上的老舊（或危險）建物，須強制於施工計畫書載明防護措施，並送第三方公正單位進行施工諮詢。

2023年5月10日臺中市再度發生重大公安意外，捷運豐樂公園站附近建案，因人員操作不慎，塔式起重機桁架吊臂掉落於捷運軌道，致使列車撞擊，造成一人死亡、十餘人受傷的公安事件，對於積極推動完善捷運網路的臺中市政府不啻一大打擊。

當時主管的都市發展局除了扛下巨大壓力，當機立斷要求建商九個工地必須同時停工，檢查捷運沿線三千多個招牌之外，也立即著手訂定「臺中市政府強化鄰接大眾運輸設施之建築工程及土木工程施工管理作業要點」，做為鄰接大眾運輸工程、施工安全管理和公共安全的執行原則與標準，同樣也是希望防患未然。

除了訂定強化施工管理法令，另為提升工地施工管理之督導力度，臺中市政府都市發展局於2024年再特別編列經費，委託專業技師公會團體，協助加強稽查施工中的工地，同時也不定期針對工地開挖、高空施工架、塔吊、拆除工程等進行專案稽查，竭力控管風險。

對於公安意外，臺中市政府選擇坦然面對，除了妥善且果斷處理，更重要的是，進一步思考如何避免憾事再度發生。

實踐計畫 5

URBAN
AESTHET

接軌世界，
兼具永續韌性
城市美學

ICS

1970年代，只要提及臺灣的國際級建築，
貝聿銘與建築師陳其寬設計的東海大學路思義教堂絕對名列其中；
幾十年過去，臺灣的建築美學不斷提升，
屢屢被點名的建築依然坐落臺中市，
迄今臺中市不僅聚集超過十棟榮獲普立茲克建築獎大師設計的建築，
透過政策引導，以及民間業者對環境、社會公益，
以及在地風土意識的覺醒，
更讓臺中市矗立一棟棟空間友善、環境綠化、降溫減碳的宜居建築，
改變了市容景觀，也讓生活美學從日常扎根。

大師聚焦,翻轉城市

當政府打頭陣拉高規格,催生出地標建築與地景,也帶動了本地建築師的思維及營造廠的工法與品質,在不自覺的狀況下,拉抬整個臺中市的建築水平。

經過多年的精心規劃,臺中市現已披上綠意盎然的市容。圖為市政大樓前綠地。(攝影:薛泰安)

十五年前,舊臺中市的城市樣貌,絕非今日所能想像。現今最具人文藝術底蘊的勤美誠品綠園道,每逢假日遊憩人潮恣意或坐或躺;各式表演團體錯落、音樂縈繞的市民廣場,早年仍是一片漫土,只有遇上選舉造勢集會時才有人氣;被盛讚可比擬紐約街景的七期重劃區,白天視線所及,雖有筆直整齊的大馬路,但也多為空地雜草,僅穿插幾棟低矮建築。

　　如今,綠意盎然的優美市容,已不可同日而語。

　　其實,早在1995年臺中市政府就創全國先例,針對臺中新市政大樓舉辦國際競圖,廣邀全世界建築大師參與,最終豐收了四十四國、共一百三十件作品,瑞士韋伯／侯佛(Weber Hofer Partner AG)建築師事務所雀屏中選,喧騰一時,卻因為財政不足支應,遲遲無法興建。

　　因為當年的臺中市只是一座省轄市,人口數不到百萬,財政沒有餘裕,就算有想法也難以施展。

埋下城市蛻變的種子

　　面對地方資源不足,臺中市政府依舊想方設法找出路,積極邀請古根漢美術館來臺中設立分館。

　　因為1997年解構主義大師法蘭克·蓋瑞(Frank O. Gehry)為畢爾包設計的古根漢分館落成後,雕塑般的建築外觀震撼全

球,絡繹不絕的朝聖人潮帶來龐大觀光收益,拯救了逐漸衰敗的工業城市,也引發所謂的「古根漢效應」,許多城市欲效法跟進。

只是多數臺中人並不看好此案能帶來多少效益,甚至擔心因為古根漢基金會高昂的前期評估費用、國際建築大師的設計費、場館興建費用,再加上每年的權利金,恐怕拖垮臺中財政。

然而在長達兩年的爭取時間中,時任臺中市市長胡志強與古根漢基金會已洽談合作「古根漢園區方案」,邀請首位獲得普立茲克建築獎(The Pritzker Architecture Prize)的女性建築師札哈‧哈蒂(Zaha Hadid)設計古根漢美術館,另邀請法蘭克‧蓋瑞設計新市政大樓跟議會,臺中國家歌劇院則是由法國建築師尚‧努維爾(Jean Nouvelle)操刀。

這項計畫雖然最終仍遭臺中市議會否決,成為未竟之業,但就像投石入水,漣漪已經漾開。

國際大師重塑都市肌理

透過媒體曝光、各界討論,以及與國際藝術文化機構、建築大師的交流,臺中市無論公、私部門,都已在無形中學習並拉高了視野。

臺中新市政大樓重新找回原競圖首獎、瑞士建築師的設計方案,在籌足經費後發包興建,2010年完工;2005年臺中國家歌劇院

以國際競圖建造的臺中國家歌劇院，從外觀到空間都驚豔全球。（攝影：薛泰安）

再辦理國際競圖，由日本建築師伊東豊雄獲得首獎，偕同國內營造團隊，歷經十年打磨，憑藉獨特的曲牆建築工法及水幕防火創新設計，打造沒有梁柱的建築，從外觀到室內空間，驚豔全球。

除了公共建築，臺中市的都市規劃、大型地景，同樣引進國際思維。

最令人矚目的莫過於水湳經貿園區，當初參與全區規劃案的龍邑工程顧問公司執行總監、都市計畫技師王翠霙回憶：「一開始我們決定留設10%做為綠地，但市府覺得這樣不夠，大幅擴張公園面積超過全計畫面積的四分之一，廣達67.34公頃，相當於臺北大安森林公園的2.58倍大。」

同時，市府也希望借重國外觀點，透過管道邀請建築界巨擘、普林斯頓大學建築學院院長斯坦‧艾倫（Stan Allen），偕同臺灣顧

問公司一起整體設計。

當時靈感來源是以紐約中央公園為基礎，並且更進一步思考：既然大家都喜歡綠地、想親近自然，那麼如何將公園與市民的接觸面擴及最大？於是拋出了「曲線公園」的構想，因此最終拍板的水湳都市計畫藍圖既前瞻又大膽，臺中市中央公園有了蜿蜒的微笑曲線，由北向南貫穿水湳經貿園區，沿途產生許多不同節點與風貌，與兩側道路及建物產生更多連結。

城市綠洲呼應SDGs指標

公園景觀當然也要具備國際風情。

臺中市政府於是在2010年辦理國際競圖，委由曾經設計法國羅浮宮朗斯分館（Louvre Lens）的法國景觀設計師凱瑟琳‧莫斯巴赫（Catherine Mosbach）及菲利普‧朗恩（Philippe Rahm）規劃中央公園，使其兼具生態、滯洪、減碳、減災、遊憩等多重功能，不僅成為臺中市獨有的城市綠洲，也呼應聯合國倡議包容韌性的永續城市，因應氣候變遷、保育生態及生物多樣性等多項SDGs指標。

當一條浪漫綠帶綿延其中，周邊建物豈能相形失色！近十年，水湳經貿園區陸續迎來數位獲得普立茲克建築獎肯定的大師作品，與其相互輝映。

例如日本妹島和世與西澤立衛聯手設計全臺首創結合美術館

與圖書館的「綠美圖」，以及經由建築成功挽救西班牙畢爾包的建築大師法蘭克・蓋瑞，終於在二十五年後跨入臺中，為中國醫藥大學水湳校區設計打造一座當代美術館。

另外，坐落於十四期毗鄰水湳經貿園區，由日本建築師隈研吾規劃，以大甲藺草為概念設計、融合國際趨勢與在地文化藝術的「臺中巨蛋」，也在2024年開工動土。

透過接連幾項重大公共建設打底，臺中市容已經具備國際城市的肌理，亮點工程不斷。

「國家歌劇院竣工啟用後，如活水注入七期景觀環境，帶動城市建築美學，周邊建案的建築師責任特別大，一方面是外觀不能與歌劇院落差太大，另一方面是在都市設計審議時，委員們也會細細檢視是否符合周邊的環境標準，不能過於突兀，」臺中市政府都市發展局都市設計工程科科長黃金安指出。

近年來部分民間房地產開發商，跟進效仿市府邀請國際大師操刀設計住宅或商辦大樓，也激發國內建築師創新的設計思維，形成了良性競爭，讓建築美學開始發酵。

建築界的綠色革命

九二一大地震的陰霾,讓「堅固美學」一度成為臺中市的建築王道;然而地球暖化、氣候變遷對環境造成的衝擊,讓建築業界開始覺醒反思,綠色革命也悄然萌芽。

臺中的城市綠色革命,由建築師與建商聯手推動,也與臺中市的都市設計審議制度息息相關。(攝影:薛泰安)

2024年4月3日早晨，震央位於花蓮的7.2級大地震，掀起了全臺灣人民的地震回憶，尤其是中部人，九二一大地震的陳年往事再度浮上心頭。

1999年九二一大地震，與南投同屬震央的原臺中縣、市，承受高達七級的震撼，房屋全倒與半倒的超過三萬戶。這場世紀強震奪走許多中部人的身家性命，更重擊臺中建築界。

儘管時隔二十五年，永豐建築師事務所建築師李明哲仍對震後的臺中市街景印象深刻：「九二一地震發生在半夜，一早到公司上班，隔壁街廓的十字路口，一棟七層樓高的大廈就這樣『啪』地倒在地上。大家忽然驚覺，原來房子是會倒的！」

震後重建，因臺中人對高樓搖晃坍塌的恐懼仍深，建商一開始僅敢推出低樓層的透天建築，然而都市土地終究不可能只做低強度的開發。為了重振消費者的信心，後續推出的集合式住宅大樓除了提高耐震係數，強調結構安全，外觀也特別採用西方古典風格，以花崗岩建材、大型基柱塑造出堅若磐石的意象。

當時正處於發展初期的七期重劃區，接連數個高價住宅大樓拔地而起，多是採用這種古典建築風格，市場就此將它與豪宅畫上等號，於是「堅固美學」成為當時臺中建築的定律，風靡數年。

然而，西方古典建築置入現代城市難免突兀，不甘落入窠

臼的建築師開始反思建築與環境的關係，企圖發展線條洗練、幾何堆疊的現代風格。李明哲回憶：「我們為此走訪新加坡，拍了許多照片向業主展示，目前先進城市正在流行的建築樣態，費了很大力氣說服業主。」

開創建築風格新局

當時臺中市民已逐漸走出地震陰霾，加上眼界隨著出國旅遊風氣的興盛逐漸打開，臺中市政府又多次舉辦國際競圖，國外大師的設計手稿透過媒體傳播，再再令人驚嘆。在富有世界觀的市場驅動下，臺中市的建築不再獨尊古典，玻璃、鋼材取代大量石材，極簡、幾何形式線條取代繁複雕花設計，開創現代建築風格新局面。

與此同時，地球暖化、氣候變遷對地球造成的衝擊，日益受到國際重視，各國政府及企業對於減緩溫室效應、挽救人類生存環境的呼籲不斷，臺中市建築界的「綠色革命」也悄悄醞釀。

中華民國不動產協進會理事長、並獲選2026年至2027年世界不動產聯盟（Fédération Internationale des Administrateurs de Biens et Conseils Immobiliers, FIABCI）世界總會會長的張麗莉自豪地表示：「早在十年前，臺中建築業者就開始思考如何把綠意帶入建築中，像是既能綠美化又能降溫的屋頂空中花園，如今都算是臺中建築的標準配備了。」

緊接著，「生機建築」、「綠意奢華」、「戶戶大樓別墅化」的設計思維接連出現，有的住宅大樓設計出3米乘以3米的陽臺空間，至少3坪大小的餘裕，讓住戶揮灑綠手指天賦；更有開發商在陽臺做好覆土、滴灌條件，戶戶擁有一株「家樹」，住戶可以安坐自家，向外望去就是一方花園。走在城市街道的行人，仰望的再也不是灰色的水泥大樓，而是植栽妝點的綠意建築。

　　不只建築立面柔和了，退縮的建築線更創造多元豐富的開放空間：可能是廣植行道樹，賦予行人舒適的行走路線；或是擺放休憩座椅，讓鄰里居民有一處安坐沉思的天地；也許是鑿挖一處小池塘創造潺潺流水，營造大地降溫的可能；又或是置放恆久性的公共藝術作品，讓文化意象在街角俯拾即是。

都市設計審議為環境把關

　　在建築業爭相訴求因地制宜，以建築設計手法解決受限環境，透過公設規劃、大量植栽及細節巧思，營造出自然舒適、大隱隱於市的居住品味，以及與人為善的生活態度。臺中市民也對這些設計理念、綠化設施及空間友善鄰里的住宅大樓產生共鳴，讓臺中建築業界更樂於追求創新綠化。

　　臺中的城市綠色革命，固然由建築師與建商聯手推動，但和臺中市的都市設計審議（以下簡稱都審）制度，以及由學者專家組成

的都審委員息息相關。

臺中市政府訂有《都市設計審議規範》，規定臺中市住宅區基地面積超過6,000平方公尺（約1,815坪）、高度超過十二層（不含十二層）、容積移轉達一定規模或土管規定全區都審（如：水湳、七期等）的新建建築，都必須送都審委員會審核。

「我們希望提升建築外部環境的公眾利益，讓更多人共享容積獎勵回饋，不管是植栽綠化、街道家具、人行祕徑、景觀步道或是公共藝術，要求都很嚴格，不能只是社區專有，」臺中市政府都市發展局都市設計工程科科長黃金安透露，都審委員最重視的，就是攸關城市風貌的建築外部環境和都市空間。「每塊基地都有原本的法定容積，但現在有容積移轉及各式的容積獎勵，新增的容積讓建築量體增加，也提高了使用強度，對公共環境造成壓迫。」有鑑於此，有必要要求建商將獲得的獎勵回饋給公眾，設計更多友善的都市空間。

回饋設施也要嚴格要求

除了法定空間的綠化面積比例，臺中市都審委員會也希望透過設計手法，詮釋以人為本的綠蔭空間。例如行道樹的種植，通常只要種上一排樹即可，但都審委員會視退縮空間的大小，適度要求變成雙排樹或三排樹。

臺中市的都審制度設法將建築的容積獎勵回饋給公眾，打造更多友善的行人空間。（攝影：薛泰安）

　　這樣可以讓綠化植栽的覆蓋率更緊密，也能創造層次變化，光是2023年309件新建工程案，都市設計審定的喬木數量就達2萬4,383棵，而且黃金安認為，植栽綠化不能只講究數量，也要重視樣態呈現，除了不同高度的喬木，也要搭配灌木、草皮，創造多樣面貌複層式的植栽設計，大幅優化人行環境與視覺感受。

　　供休憩的街道家具也不能虛應故事、隨意擺放。「都審委員重視每一個細節，包括座椅材質、高度、要不要扶手、要不要靠背、座椅旁要不要留設輪椅停放的空間、樹影方向能不能有效為座椅遮蔭，」黃金安說，就連植栽上的夜間照明不能太亮都要考慮在內，因為大樹也要休息。

　　擺放公共藝術作品，更是臺中市政府特有的要求，藝術品一定要在建築外圍的主要動線上，讓行人、住戶都能親近欣賞，不能只在自家後院裡。

都審嚴格要求為城市風景、環境把關，固然是一件好事，但若無法兼顧行政效率，難免引起民怨，不過臺中市多數建商、建築師卻未引以為苦，這和臺中市擬定的審查制度有很大關係。

　　臺中市都審分為兩階段，第一階段先召開「幹事會」，進行法令審查與修正建議，通常最多不超過兩週。修正完函送修正報告書至業務單位確認後，便可排入委員會審議，等候期絕不超過四週。都審委員若認為問題不多，即可修正後通過，後續再透過專業委員協助。一般嫻熟流程的建築師，新建案通常能在兩到三個月內完成都審程序。

建管資訊化擴大效益

　　臺中市政府都市發展局還進一步推動建管資訊化，持續精進提升行政效能，並照顧居住偏遠的市民免於舟車勞頓，以網路取代馬路，突破時間及空間限制，二十四小時都可以上網申請建照，也能隨時追蹤進度，流程、資訊都公開透明。無紙化審照、審議，也符合減碳環保的政策，同時強化衛生防疫措施。

　　透過建管資訊化的過程，也同時逐步將臺中市城市空間、建築物的相關資訊全部存入雲端管理。「一旦有急需，就能直接透過網路獲取建築相關資訊，包括樓層、格局及管道間的分布等等，對救援防災有很大幫助，例如消防人員進入火場前，便能先清楚掌握室

內動線，」臺中市政府都市發展局局長李正偉指出，建管無紙化的推動，不僅解決龐大的資料管理問題，還可以擴大其利用效益。

學界的共同支持

由於臺中市都審委員多是在地的學者專家，也都看遍國際都市設計、建築樣態，期盼臺中建築不僅要符合本地風土，更要朝符合SDGs前進，於是一棟棟更符合人文環境、植栽綠化的建築紛紛出現。

而在地的學術底蘊，也是持續推動臺中建築美學的一大助力。例如東海大學的創意設計暨藝術學院，內有美術系、音樂系、工業設計系等，更有名聞遐邇的建築系與景觀系；逢甲大學則有土木工程系、都市計畫與空間資訊系、土地管理系等所組成的建設學院，還有建築系、室內設計系所組成的建築專業學院。

從五感藝術、建築與空間，乃至於城市願景，透過學者的探討、學生的研究實作，培育出來的人才不管是進入業界或是官方體系，都為臺中市建築業帶來極大動能。

逢甲大學副校長、建築專業學院院長黎淑婷表示，2023年逢甲大學邀集中部地區重量級的建設與營造公司成立「臺中市文化建築教育基金會」，一連舉辦十二場關於SDGs的課程，建築界從業人員熱烈參與，每場至少百人以上。

黎淑婷指出，臺中市建商從建築外觀、空間設計到社區營造，積極回應SDGs多項目標的策略做法，已成為其他城市前來取經的模範。

　　例如，早年工地外的甲種圍籬，多是單純、制式的浪型鋼板，1997年由臺中建商自行開發以植栽或植生牆裝飾的「綠圍籬」，雖註冊了專利，但免費授權給同業使用，讓生冷剛硬的建築工地瞬間

在地的學術底蘊，助臺中建築美學一臂之力。圖為國立臺灣美術館。（攝影：薛泰安）

柔和美化，也讓外賓與遊客驚豔。張麗莉表示，綠圍籬上的可移動式小植栽不僅降低碳排放，更是循環經濟的一環，能在下一個工地重複使用，或成為新社區的造景。

這場由民間業者發動的美化市容運動，催生臺中市政府明文規定，只要具一定規模的建築工地，安全圍籬綠美化的面積須達50%以上，而其他城市也陸續仿效，制定相關辦法。

待開發基地也要美化

臺中活化建築空地的做法，更有別於一般閒置基地。臺中市建商在取得建照前的等待期，有許多美化、活化的創意運用，塑造打卡地景、藝術創作展示、舉辦小農市集都很常見。

更進階的，還在建築基地上挖出一座人工湖；也有的大費周章調整基地，形成水域和山丘，再安置等待被應用的植栽與景石，創造出一處處短暫卻令市民開心的城市休閒祕境。此舉雖是品牌行銷，卻做到了對人、對環境的友善。

都市空間設計大獎，
創意解決環境問題

建築不單是提供可用空間，還能解決都市的環境問題，藉由各種創意發想，融入詩意、綠意、音樂……，創造令人驚豔的城市風景。

藉由歷年都市空間設計大獎評選，臺中市的建築風格已有很大的轉變，也更重視綠化及公共空間。（圖片來源：雅門建築）

臺中市的建築風格近二十年來有很大轉變，從已舉辦十一屆的「臺中市都市空間設計大獎」歷年評選標準及得獎名單，就能看出其演變。

　　臺中市都市空間設計大獎被稱為臺中建築界的奧斯卡獎，也是公私協力打造城市美學的重要依據。該獎項的前身為「都市整體發展建設策略及都市行銷環境競圖計畫」，競圖為計畫主軸，附帶舉辦臺中市空間設計大獎。

　　也就是說，臺中市政府不僅大型公共建設試圖與國際接軌，也不忘汲取在地專家的創意奇想，期待透過討論、票選，讓臺中市民更了解、認同所居住的城市。

　　這項計畫確實擾動了臺中建築業者與學界。於是，臺中市政府都市發展局將臺中市都市空間設計大獎獨立舉辦，以「賦予臺中地景建築、生活建築新的定位」為計畫主軸，大規模邀集建築設計、景觀設計、室內設計、商業空間、公共工程等作品參與，先由民眾提名推薦，接著請專家評審以及民眾票選。

　　前三屆的臺中市都市空間設計大獎以民意為基礎，透過網路投票讓臺中市民共同參與，選出普羅大眾偏好的地景建物，並以建築量能大小區隔給獎，創造一波又一波媒體聲量，成為中臺灣建築界與消費大眾關注的火熱話題。

　　第四屆臺中市都市空間設計大獎迎來第一個轉捩點，刪減

前三屆計畫中的小空間獎項，改以更宏觀的視野敘獎，鼓舞臺中建築以「開放空間」創造多元的城市風貌。

開放空間設計，其實在建築界行之有年，也是政府提供容積獎勵政策引導的成果。但是過去臺灣各地都曾發生「開放空間不開放」的違規案例，明明因為開放空間獲得容積獎勵的大型社區，卻使用拒馬、水泥盆栽等手段，變相讓空間歸社區私用的狀況，比比皆是。

開放空間友善鄰里

然而，觀察臺中市都市空間設計大獎的得獎建築，留設空間打造出來的地景樣貌，與建物本身相輔相成，甚至更引人入勝，庭園成為鄰里交流的場域。蜿蜒的小徑，高低錯落的植栽，值得玩賞回味的公共藝術作品，細膩安排座椅安置於樹影底下，另留設一、兩個座位能曬到冬陽。

獲獎建築並不單純孤芳自賞，更像是照顧環境、呼應周邊的共好種子。

「近年來，臺中建築更積極對鄰里釋出善意、延續步道與綠帶，」永豐建築師事務所建築師李明哲以南屯區「藝博匯」住宅大樓為例指出，大樓的隔壁是座宮廟，建築師就思考怎麼協助他們美化，砌上一道景觀牆、補強破碎的人行鋪面，甚至做了焚燒金紙的

環保爐讓空氣淨化，所以此案也獲得第六屆臺中市都市空間設計大獎肯定。不為嫌惡設施立起高牆，而是包容納入、一起共好。

在臺中，協助鄰里美化、認養鄰地公園的案例，愈來愈成為構思建築、經營社區的顯學。

建築呼應在地風土

「每一棟新建築都應該是臺中城市性的關鍵組成，所以能夠回應在地風土又樂於擁抱創新，就會是臺中建築的最大特色，」連續第八、九、十屆獲年度都市空間設計首獎及卓越獎肯定的雅門建築師設計群主持建築師劉偉彥，為臺中建築風格下了如此的注解。

以第十屆都市空間設計大獎首獎的宏銓「緣溪行」住宅大樓為例，這棟建築坐落於臺中市老西區模範新村及勤美公益商圈，鄰近草悟道，劉偉彥以環景垂直綠化，讓「緣溪行」成為當地最醒目的地標，同時又是有綠籬保護隱私的隱市建築。

劉偉彥引用〈桃花源記〉的集體文化記憶及意象，在建築設計上不斷連結周邊老舊城市紋理，試圖讓社區住戶浸潤其中，隨之產生城市的生命感情。例如，採用書法筆鋒描繪天際線，勾勒出外凸陽臺的交錯起伏波浪造型，試圖與草悟道的草書空間意象相融相生；其隱匿的大門入口、迂迴的社區小徑，更與緊鄰的模範老市場的里弄巷道相連結，成為在地新舊聚落同頻共感的市民認同。

劉偉彥認為，建築不能孤絕於鄰里，應該善用城市紋理，讓文化重建再造，例如舊城市的鐵窗元素，在「緣溪行」住宅大樓轉譯成跳躍的條碼；周邊透天住宅門口任意擺放的大小盆栽，對應到「緣溪行」成了垂直錯落在陽臺的多樣性喬木植栽。

臺中城市的在地風土性原本就極具特色，「緣溪行」透過設計再轉化，由一般公寓翻轉成為空中合院新建築，不僅被動式產生了

有綠籬綠化且保護隱私，讓「緣溪行」成為當地最醒目的地標。（圖片來源：雅門建築）

「過堂風」氣流以降低都市熱島效應，而其日夜隨風搖曳的扶疏樹影，更以流動的詩意又自帶地方美感的綠色建築，讓舊城再現生命力，也讓鄰里生活有機會更進化。

獲得第十一屆都市空間設計大獎建築空間傑出獎肯定的「精銳FUN未來」，則是嘗試融入音樂元素，柔化建築與街道的關係，更豐富了都市天際線。

負責操刀的建築師李明哲表示，這棟建築位處西屯區逢甲商圈，有較多年輕族群，都市環境中的聲音特別豐富，於是透過藝術化的手法來表現音樂概念，建築外觀的波浪紋理是模擬指揮家的手勢舞動，被曲線外飾包覆其中的則是錯層大陽臺。

另一方面，基地於北側的寶慶街留設了約400坪的開放空間，遍植喬木與灌木，錯落有致，花園兩側留設出入口，由小徑串聯，傍晚時分，長輩帶著孫子造訪嬉遊是可見的日常。

居住空間改變生活習慣

入住「精銳FUN未來」兩年多的李先生，笑稱身為住戶榮譽感十足，因為他有好幾個外地友人，竟然透過媒體或是路過逢甲商圈，對這棟建築印象深刻。過去他對園藝毫無涉獵，如今竟然習慣了每天踏出陽臺悉心澆水呵護植栽，小鳥時不時跳進陽臺，很像是住在森林裡。

融入音樂元素，柔化建築與街道的關係，「精銳FUN未來」豐富了都市天際線。（圖片來源：精銳建設）

居住環境讓李先生的生活態度有了很大轉變，「不知不覺會追求生活的儀式感，現在買外食回家，不會拿著塑膠袋就草率吃起來，一定會裝盤進食，感覺才配得上這個空間。」

創意解決居住困境

同樣為了因地制宜解決問題，永豐建築師事務所建築師呂永豐為西區大墩路「精銳唐寧一號」住宅大樓規劃的大陽臺也堪稱經典，深達4至5米的大陽臺，以「庭」為概念，做為室內空間的延

伸,並採取交錯跳層的設計,讓喬木得以向上生長。

設計的緣起,其實是為了解決建築坐東朝西的西曬問題,伸出去的陽臺,不只是自家的植栽空間,對下層住戶也能產生遮蔭效果。但是這大約5坪大的特殊陽臺,面積幾乎跟一間臥室一樣大,「很多人直覺認為,我室內都不夠用了,陽臺這麼大要幹嘛用?」呂永豐說,當時銷售團隊對此存有很大的疑慮。

「精銳唐寧一號」共八十六戶,一般陽臺四十八戶與特殊型陽臺三十八戶,銷售團隊跟建築師打賭,那些大陽臺的戶數一定最慢賣完,結果,採特殊陽臺設計的戶數全部賣光,才輪到一般陽臺

以「庭」為概念,將大陽臺做為室內空間的延伸,「精銳唐寧一號」的特殊陽臺設計深獲消費者喜愛。(圖片來源:永豐建築師事務所)

設計的戶型，事實證明臺中市的消費者是買單的。除了市場認同，「精銳唐寧一號」參與第六屆都市空間設計大獎評比，也拿下了優良建築外觀造型設計獎。

臺中的建築師不僅實際解決現代人居住在城市的種種困擾，更有各種創意發想，讓建築融入詩意、綠意、音樂……，創造令人驚豔的城市風景。也因為有了業者創新綠化的基礎，讓臺中市政府後來推行的「宜居建築」政策獲得很大的迴響。

臺中市政府是在2019年依據地方自治條例頒布《臺中市鼓勵宜居建築設施設置及回饋辦法》，針對垂直綠化設施，例如供休憩綠化的陽臺設施、雙層遮陽牆體及植生牆體、造型遮陽牆板、供住戶集會休閒交誼及綠化的複層式露臺，可免納入容積計算。

少了容積計算的掣肘，建築師在設計上頓時有了更大的彈性空間，也更勇於突破。

宜居建築納入設計大獎

2024年第十一屆臺中市都市空間設計大獎，在因2019年宜居建築的獎勵辦法施行，催生出上百件申請案後，首次納入「宜居建築設計獎」的獎項。

坐落於北屯區旱溪河畔的「鉅虹HOKI」，正是第十一屆的大贏家，同時獲得年度臺中市都市空間設計大獎首獎與宜居建築設計

同時獲得年度臺中市都市空間設計大獎首獎與宜居建築設計卓越獎的「鉅虹HOKI」，成為旱溪畔的美麗風景。（圖片來源：鉅虹建設）

宜居建築的陽臺必須採降板設計，才有足夠覆土種下大樹。（圖片來源：鉅虹建設）

卓越獎。建築採地上十五樓、地下二樓的雙十字形設計，創造三面採光通風的條件之外，最精采的是開放空間的規劃。

負責設計的建築師許榮江攤開建築設計圖，指著近似扇形但雙邊半徑長短不一的基地說：「原本基地像把菜刀，為克服基地限制，建築本體僅占據相對方正的基地，刀鋒前側的四分之一圓，乾脆留設做為水瀑與下沉式綠景廣場，一舉解決基地不方正的缺點。」這種少有的內庭下沉式手法，也讓市民與住戶同享了開闊視野的造景空間。

建築立面，透過錯層式陽臺設計，讓高達4至5米的喬木可以向上延伸，建築外牆再以藤蔓攀爬依附垂直格柵，形成雙層遮陽植生牆，打造立體花園的樣態。第十一屆評審委員沈芷蓀就評論：「這

棟建築在都市中扮演著『看』的角色，也同時身兼『被看』的樣態，為臺中建築樹立典範。」意謂著由建築內向外看，可享受周邊旱溪美景與自家庭園，建築自身也成為行人駐足欣賞的風景，這正是臺中建築追求的目標。

許榮江透露，當初這個建築送建照申請之後，《臺中市鼓勵宜居建築設施設置及回饋辦法》才頒布，他趕緊說服業主撤回原照，重新規劃為宜居建築後再重新送都審，因為就他過往參與規劃數個臺中錯層陽臺、綠意建築的經驗，他深信，宜居建築將成為臺中躍上世界舞臺的關鍵。

國際接軌

以數量超越義大利的垂直森林

2014年義大利建築師史蒂法諾·博埃里（Stefano Boeri）設計的垂直森林（Bosco Verticale）雙塔建築完工後，由近一千棵樹木、四千棵灌木植物，以及上萬棵藤本與多年生植物覆蓋，充滿綠意無比壯觀，引起全球矚目。

這座建築不單是植栽綠化，還有先進的汙水循環灌溉及太陽能發電系統，成為今日與自然共存深具示範性的前衛建築。

但其所在的米蘭就只有這麼一棟，臺中市至2024年9月底取得宜居建築建築執照的已有243案，環保、智慧、節能等應用科技也必然日新月異，未來累積數量達五百棟、一千棟之時，可望成為全球焦點，實踐真正的森林城市。

綠帶串聯城市印象

臺中市的綠園道不只是一條綠帶，更是最友善的連結系統，串聯著名景點、地標、公共空間，以及優美的城市印象。

草悟道的綿延綠帶，每逢假日遊人如織，是臺中市民休閒的好去處。（攝影：薛泰安）

2023年，臺中市政府統計二十二個觀光據點的旅客人次，奪冠的是一中商圈，進出多達一千零一十八萬人次，草悟道則以七百二十九萬人次位居第二。不過，若扣除一中商圈莘莘學子的補習人潮，草悟道的觀光集客力應是臺中之冠。

事實上，綿延綠帶也的確是許多人對臺中的印象。

草悟道串聯國立自然科學博物館、國立臺灣美術館兩大場館，長達3.6公里。每逢假日，沿途可見街頭藝人、文創市集，潮男潮女流連駐足；行至市民廣場則會見到許多人攜家帶眷嬉遊野餐，或是遛毛孩的民眾在如茵的草地鋪上野餐墊，輕鬆隨興地放空、放風，一派悠閒，完全是臺中人的週末日常。遇上一年一度的「爵士音樂節」，市民廣場會擠滿人潮，全部席地而坐，邊野餐、邊欣賞音樂的特殊場景，堪稱一絕。

臺中市民樂於走出家門、熱愛野餐，固然與老天爺賞賜的氣候條件息息相關，但豐富的河川水文與綠園道交織，串聯多處大型開放空間的規劃，更是一大因素。以草悟道為例，從國立自然科學博物館、市民廣場、勤美誠品綠園道、審計新村延伸到國立臺灣美術館，時而緊湊、時而張弛的綠帶空間，是臺中市最人文薈萃的綠廊。

為臺中人文美學注入關鍵活水的勤美璞真文化基金會，曾

走訪草悟道周邊的里長伯與在地耆老，梳理出草悟道的原始風貌，發現它最早曾是一條灌溉小溪「土庫溪」，孕育周邊重要農作黃麻生長。隨著市地重劃、徵收、國立自然科學博物館落成，溪流才被封頂加蓋規劃成「經國綠園道」。但短短300公尺，硬生生被臺灣大道截斷，未能延續。

直到臺中市政府提出經國綠園道改善計畫，後來再拋出「草悟道」概念，並獲得行政院經費補助施作臺灣大道以南至公益路段，正式將綠帶縫合，隨後再改善原有的經國綠園道範圍，終於造就長達3.6公里的綿延綠廊，路徑及空間規劃猶如書法行草般流暢。

草悟道規劃獲聯合國肯定

草悟道完工啟用後，除了獲得第三屆臺中都市空間設計大獎公共空間類的肯定，還曾拿下聯合國環境規劃署主辦的「國際宜居城市大賽」自然類的金質獎，證明臺中市都市規劃的前瞻性足以躋身國際。

草悟道原是一條潺潺溪流，是農家耕作灌溉生存的重要命脈，如今則是規劃完善、適合漫遊的園道，吸引源源不絕的觀光人潮，更帶動兩側商圈的生機勃發。在地商家也自發性串聯、營造街區美學運動，從金典綠園道、勤美誠品綠園道、范特喜文創聚落、審計新村等巷弄創意小店，沿線持續加入新亮點，像是位於草悟道中心

PARK2草悟廣場從原本的遊客服務中心成功蛻變，結合建築與景觀設計，接連獲得國際設計大獎。（攝影：薛泰安）

樞紐位置的「PARK2草悟廣場」。

由勤美集團經營的PARK2草悟廣場，原本只是遊客服務中心、地下停車場及數間餐廳，在結合建築與景觀設計創新改造後，運用大型沙漠植物和層次堆疊的植栽加以美化，再招商引進時尚餐廳、文創潮牌進駐後成功蛻變，2022年開幕立刻成為人氣景點，且獲得獎勵促參推動成效最高榮譽的「金擘獎」，接連拿下美國繆思設計大獎（MUSE Design Awards）、日本優良設計獎（Good Design Award）、德國iF設計獎（iF DESIGN AWARD）等國際大獎。

勤美集團在草悟道旁還另規劃了一座「未來勤美術館」，邀請以「負建築」手法聞名的日本建築大師隈研吾操刀，利用山丘般起

伏的外觀，串聯草悟道的綠意與街區，消弭人與建築的距離感，讓建築消失於人群之中，尚未開幕便是各界矚目的焦點。

公私協力、成功共創的草悟道商圈，也在第十屆臺中市都市空間設計大獎中榮獲建築雋永獎，以表彰其開放性、公共性及使用維護效益。

臺中市的綠帶不單只有草悟道，市政府為七期新市政中心也留設了廣達8公頃（約2萬4,200坪）的綠地廣場，並以浪漫寫意的「夏綠地」命名。

商業建築營造友善空間

「夏綠地」全是如茵綠草及各種喬木，沒有多餘人為裝置干擾，從新市政公園前一路開展至臺中國家歌劇院前端。儘管兩側高聳大樓林立，漫步其中仍能感到從容不迫、寫意自在，加上臺中國家歌劇院本身開放性的結構，可串聯戶外與室內，讓這條悠閒綠帶別具都會藝術氣息。

夏綠地公園不似草悟道商圈周邊小店商家林立，商業活動都被收攏到大型百貨公司之內，但鄰近臺中國家歌劇院的T&R廣場（Tom & Resort Plaza）於2018年開幕後，帶來了改變。

T&R廣場配合歌劇院環境，採劇場空間概念設計，露臺層層退縮，並種植大量植栽綠化建築立面，搭配木紋格柵及玻璃外牆，

將商業建築轉化成一處自然休閒空間；L型的建築基地還退縮了4公尺，將「禮讓」出來的開放空間打造成微型綠園道，與鄰近的夏綠地公園相呼應，塑造出友善的都市人行徒步空間，在蔦屋書店及吳寶春麵包店進駐後，成為臺中市民熱愛的休閒去處。

夏綠地公園、臺中國家歌劇院與T&R廣場，也分別獲得臺中市都市空間設計大獎第一屆、第四屆及第七屆評審的肯定。這裡的

綠草如茵的公園綠帶，在林立高樓間留下一處自然空間。（攝影：薛泰安）

坐落於中央公園北端的綠美圖,將周圍綠意景觀納入建築之中。(攝影:薛泰安)

街廓風情雖然與草悟道截然不同，但是公私協力、營造友善環境的理想性與實踐力，別無二致。

城市軟實力再提升

　　過去兩年，中華民國不動產協進會理事長張麗莉參與評鑑「國家卓越建設獎」，看遍臺灣大型公共建設後認為，過往臺中受限於財政困難又缺乏中央挹注，公共建設有很大的進步空間，但近年多項重要公共建設，如水湳經貿園區的臺中國際會展中心、2025年可望開幕的臺中綠美圖，都會大幅提升城市軟實力，並透過舉辦各項專業論壇，強化臺灣建築與國際的連結，讓世界看見臺灣。

　　獲得第九屆臺中市都市空間設計大獎規劃設計獎的臺中綠美圖，由普立茲克建築獎得主、日本建築師妹島和世與西澤立衛所組成的SANAA建築師事務所，與臺灣劉培森建築師事務所跨國合作，不僅是全國第一座美術館與圖書館共構的建築，更結合坐落公園內的優勢，將周邊的綠意景觀納入建築之中。

　　綠美圖打造了八個大小不一的空間量體，透過抬高建築物，把地面層還給公園，綠意得以延伸。風流從不同的建築盒子吹過，創造涼爽舒適的空間，市民可從四面八方進入穿越，參與文化活動。

　　妹島和世希冀透過建築體的穿透性與流動感，呈現「公園中的圖書館，森林中的美術館」的理念，也為臺中市建築再添新地標。

實踐計畫 **6**

URBAN
COOLING

風舞綠蔭，
讓都市降溫

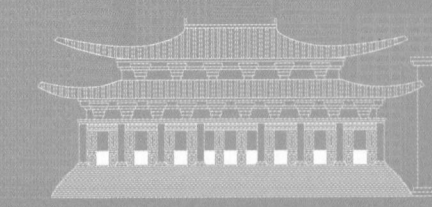

聯合國預估，2050年全球大約有三分之二的人口會住在都市裡，
城市發展帶動經濟成長，
卻也帶來能源消耗、大量碳排放、地球暖化及都市熱島效應，
對環境造成巨大衝擊。
面對全世界共同面臨的重大挑戰，
臺中市產、官、學界通力合作，
研擬水綠、通風、遮蔭、節能四大策略，
透過國土保育計畫、打造城市綠洲、
規劃都市藍帶、推動宜居建築等作為，
再以科學研究為基礎，將風廊系統納入都市計畫通盤檢討中，
從根本提升宜居環境及城市永續發展競爭力。

水綠、遮蔭、通風、節能，緩解熱島效應

根據聯合國近年的統計，建築產生的二氧化碳排放量約占全球每年排放量近四成，一直以來都是國際淨零路徑上公認的高碳排產業。都市化過程必須的基礎工程、建設難免，因此建築業的脫碳過程，無疑成了國際主要城市在淨零路徑上最重要的關鍵。

大量建築物造成都市熱島效應日益嚴重，因此城市綠化、建築節能、引風入市降低溫室氣體排放，已是刻不容緩。（圖片來源：臺中市政府都市發展局）

英國氣候學家戈登・曼利（Gordon Manley）在1958年出版的英國皇家氣象學會報告中，第一次提到「都市熱島」（Urban Heat Island, UHI）這個詞彙，並將人為開發行為造成的都市升溫現象稱為「都市熱島效應」（Urban Heat Island Effects）。

　　「形成都市熱島效應的主要原因，包括大量建築物、柏油路面吸收且儲存熱量，還有人類活動時所產生的熱量，」國立陽明交通大學環境與職業衛生研究所教授郭憲文指出，「綠化空間、降低溫室氣體排放、智能節約、城市綠化，已是世界都市化發展的趨勢。」

　　近幾年，臺中市的綠色政策一直走得很前面，市區擁有超過二十條以上的綠園道，連接主要公園和景點，自行車道環繞、貫穿城市，還有占地約67公頃的水湳中央公園，大面積的植物覆蓋和人工湖，對於改善周邊區域的微氣候及空氣品質有一定影響。

　　2020年臺中市舉辦「減碳降溫論壇」，臺中市市長盧秀燕宣示將運用「引風、增綠、留藍」三帖降溫特效藥，提升綠色覆蓋率，積極改善空氣品質。

　　緊接著，2021年《臺中市國土計畫》發布實施，以「富市臺中・宜居首都」為發展願景，朝向「生活、生產、生態、生機」

四生一體的城市目標邁進。

其中,「生態」部分以實踐低碳生活圈、推廣公園生態海綿化,以及維護農地總量等環境政策進行規劃,透過盤點山脈保育軸帶、河川廊道、重要海岸、河口濕地及農地等,初步劃設10.95公頃的國土保育地區,配合臺中市的綠色環帶及水文,做為土地使用分區管制及綠廊規劃的參考依據。

也就是說,臺中市從都市發展的計畫源頭,就把減緩都市熱島效應的策略納入考量,也回應聯合國永續發展目標。

不過,全球溫室氣體排放量的增長,有很大比重來自於燃燒化石燃料,特別是煤炭,臺中火力發電廠也因此成為積極改善空汙、全力邁向低碳淨零城市的臺中市一大隱憂。

臺中市政府面對中電北送的議題,一方面在不願犧牲中部地區空氣品質的前提下,強調全國電網應該平均布局,希望相關單位可以站在能源安全的高度進行考量,發展充足的能源;另一方面也確實認為發電區域過度集中,一旦遇到天災或遭遇攻擊,對國家安全及能源韌性將是一大考驗。

了解成因,才能提出有效策略。

為了對臺中市都市熱島現象與成因進一步分析,臺中市政府都市發展局和國立成功大學建築系教授林子平研究團隊合作,辦理「臺中都市熱島效應空間策略計畫」,診斷都市發展過程的熱島效

應及環境變遷情形。

「城市有良好的通風設計，就能促進空氣流動，帶走城市熱量，減少局部高溫區域的形成，」林子平表示，由臺灣氣候變遷推估資訊與調適知識平臺計畫（TCCIP）產製的臺灣歷史氣候重建資料（Taiwan ReAnalysis Downscaling data, TReAD），可提供過去四十年來完整覆蓋臺灣全島的氣候資訊。

「該組資料可以有效應用在都市熱島領域中，分析都市熱島問題，了解高溫分布狀況，找出熱島中心，才能進一步研擬都市的調適策略，」林子平補充。

為臺中市熱島效應把脈

根據《臺中都市熱島成果報告書》資料，臺中市目前的熱島現象逐漸明顯，2021年夏季瞬間的熱島強度約攝氏3.8度，近年長期平均的熱島強度約攝氏3.5度。

所謂都市熱島強度，是用來描述熱島嚴重性的一項指標，簡單地說，熱島強度就是把都市中的最高溫及最低溫相減。臺灣主要都市的熱島強度大約都在攝氏3至4度之間，也就是市中心的最高溫，會比市郊高上3至4度左右。

「密集的城市建築阻擋風的行進，導致熱氣無法排出，是造成熱島效應的主要原因之一，」林子平認為，隨著都市逐漸開發及擴

張,政府必須提早面對全球升溫的問題,提出對策,才能緩和都市熱島現象,提高人體舒適性。

根據政策法令及可應用資源盤點分析,臺中市政府提出了「水綠降溫」、「通風散熱」、「遮蔭涼適」及「節能減排」四大熱島緩解因應對策。

科研與政策雙管齊下

首先,透過都市水域、河川、池塘等藍帶規劃,以及含水、透水鋪面等都市雨水資源管理措施,縫補藍、綠帶斷點,規劃連續線性的水綠系統,在線性綠帶或是戶外開放空間,優先種植喬木提供遮蔽,積極改善都市蓄熱問題。

「商業密集區或無法植栽的區域,可以騎樓或是廊道等人工遮蔽設施替代,」林子平說,戶外降溫真的很難,但人在樹蔭或者騎樓下就會覺得比較涼爽,這就是體感降溫。

通風則可以散熱。臺中市規劃了三個等級的風廊系統,對應都市紋理指定風廊路徑,提出閒置公有地劃設公園、道路退縮、規範棟距及控制連續建築面寬等相關策略,並透過指認都市高溫、低風速、高熱壓力等熱島效應嚴重與亟需改善地區做為「熱島關鍵區」,導入計算流體動力學(computational fluid dynamics, CFD)前、後模擬驗證。

「結果顯示，上述規範確實能增加基地通風性，達到都市降溫的效果，」林子平表示，要緩解都市熱島效應，科學研究與政府政策都要能接軌國際。聯合國政府間氣候變遷專家委員會(Intergovernmental Panel on Climate Change, IPCC)報告中明確指出，透過加強遮蔭、自然通風、綠屋頂、垂直綠化等建築設計，可以節省能源成本，並且有助於提升室內舒適度及增進人體健康。

透過都市水域、河川、池塘等藍帶規劃，能有效為城市降溫。（圖片來源：臺中市政府都市發展局）

減緩熱島效應刻不容緩，目前美國領先能源與環境設計（Leadership in Energy and Environmental Design, LEED）及日本建築物綜合環境性能評價體系（Comprehensive Assessment System for Built Environment Efficiency, CASBEE）等多個綠建築評估體系，已將減緩熱島效應納入必要的評估項目。

　　臺灣行之有年的綠建築標章，則是綜合「生態、節能、減廢、健康」等領域的評估系統，經過科學化的計算，給予不同等級的綠建築認證。

節能建築成全球趨勢

　　朝陽科技大學建築系副教授郭柏巖表示：「建築節能可以從很多面向出發，目前最大的問題在於，許多建築物的耗能狀況無法即時掌握，往往是在收到高額的電費單之後，才想到日常生活是否有浪費能源的行為。」

　　一般社區的公設耗能約占全棟集合住宅的三至四成，雖然「日常節能指標」已經是綠建築評估系統中強制執行的項目，但不應只滿足於法規基本門檻，而要追求更佳的設計水準，有助於提升建築能效等級，讓建築物的外牆、空調、照明、固定設備等項目更加節能，住宅與公共電費都有合理的支出，減緩能源過度浪費。

　　「日本或德國的建築能源政策，可以做為相關鼓勵政策的參考

依據，」郭柏巖舉例，德國政府要求建築在出售或出租時，必須出示完整的建築能源證書，否則將會被罰款。另外也提出節能鼓勵政策，由銀行提供低利貸款和補助金，建築愈節能就能獲得愈多貸款優惠。

　　法國政府則是實施逐步限縮老舊住宅的使用能效，要求房東改善、提高出租房的節能熱篩績效標準，迫使房東進行節能改造，否則2025年後將禁止該房出租。郭柏巖認為，「提升住宅能效有很多方法，並非花高昂的費用才能做到，找出耗能碳排最高的項目進行改善，就有機會用最少的預算，大幅提升建築能效等級。」

　　換言之，城市的建築物若能透過良好的設計落實節能，對緩解熱島效應、強化國家能源韌性會有直接幫助。

蓋棟大樓，
造一座山、一片林

都市不只是人居住的地方，也是社會文明進步的成果。在都市化加劇全球暖化的趨勢下，政府的綠色政策、計畫引導，對於緩解都市熱島效應、改善環境品質至關重要。

臺中市近年力推宜居建築，讓建築綠化面積立體化，希望每蓋一棟樓就像造一片林，既降低都市熱島效應也美化市容。圖為宜居建築大塊森鄰。（圖片來源：新業建設）

都市熱島主要是受到人類活動、密集建築物及地表覆蓋物改變所影響。

　　新加坡在2021年啟動「綠色計畫2030」，內容包括自然城市、永續生活、能源重置、綠色經濟和韌性未來等五大主軸。其中，「自然城市」以建立一個綠色、宜居的永續家園為核心，預計釋出約200公頃的土地規劃自然公園，再種植100萬棵樹，吸收額外7萬8,000噸二氧化碳，讓新加坡人享有涼爽的樹蔭，呼吸更乾淨的空氣，且達到每戶人家都住在離公園步行十分鐘範圍內的目的。

　　然而城市綠化，只靠政府蓋公園永遠不夠。新加坡早已貫徹綠色植物融入建築環境，實踐「花園城市」的目標；而臺中市近幾年力推的「宜居建築」，透過法規引導，讓建築綠化面積立體化、極大化，也是同樣的概念。

　　臺中市建築師公會名譽理事長、中華民國全國建築師公會副理事長黃郁文表示，宜居建築很重要的概念就是垂直綠化，希望「蓋起一棟大樓就像造一座山、一片林，漸漸讓城市築成一座美麗森林」，既能美化城市景觀，也能緩解都市熱島效應、節能減碳，實踐資源共享等多項SDGs。

　　黃郁文指出，中央政府於1999年開始實施綠建築標章制度，2002年由行政院頒布綠建築推動方案，強制經費五千萬元

以上的公有建築物必須取得「候選綠建築證書」，但「垂直綠化」從未入法。

臺中市歷經都市設計審議委員會各專家學者，以及業界建築師、開發商的討論與協商，直到2018年以修訂《都市計畫法臺中市施行自治條例》的方式建立法源，2019年正式發布《臺中市鼓勵宜居建築設施設置及回饋辦法》，讓臺中市的建築設計向前躍進了一大步，與新加坡綠色植栽融入建築的理念相同，且更向上提升。

形塑垂直院落

黃郁文以坐落南屯區、2021年完工的臺中第一座領到使用執照的宜居建築「大塊森鄰」為例，該大樓規劃了直跨三個樓層的公共露臺，藉由植栽、景觀設計營造四季風情，對鄰里間的互動幫助很大，也打破過去住宅大樓只有一樓和頂樓綠化的常態，住在中間樓層的住戶也能享受到綠化的公共空間。

「現代建築對居住者而言，不能僅是遮風避雨的居所，提供健康、舒適、節能的生活體驗也愈來愈重要，」操刀設計「大塊森鄰」的建築師蕭智夫表示，除了每戶大陽臺的設計，當初在四、七、十、十三樓再分別規劃春、夏、秋、冬複層式露臺，種下大樹，就是希望打造空中院落新概念，讓住戶可以有舒適的共享空間小憩，也促成鄰居交流。

風舞綠蔭，讓都市降溫　195

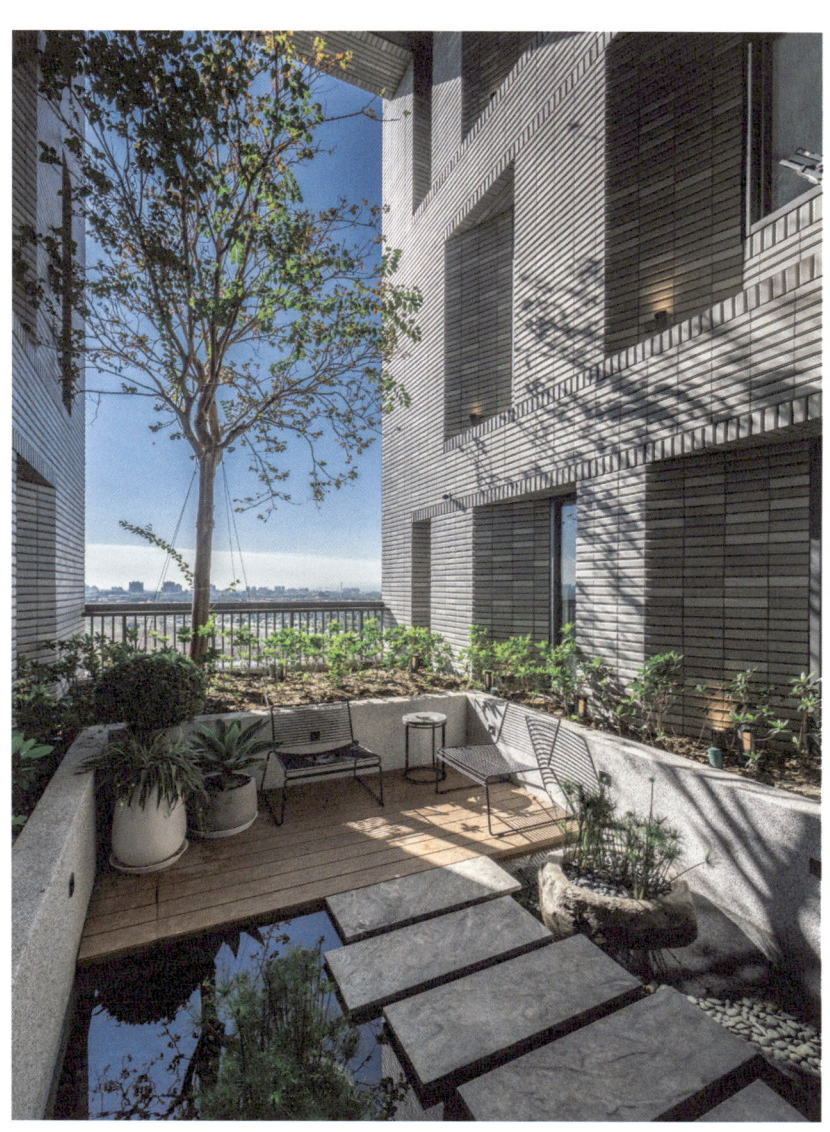

直跨三個樓層的公共露臺，可讓樹長高，再藉由植栽、景觀設計營造四季風情。（圖片來源：新業建設）

引自然入室的概念，也讓社區因此出現風廊。蕭智夫透露，在設計一樓空間時，為了援引陽光、空氣、水進入室內，從社區公共閱覽室到中庭綠池，特地採用半開放式門廊延伸連結，結果門廊形成風廊，站在廊道上就有微風吹拂，大熱天尤其能感受溫差帶來的舒適涼意。

「大塊森鄰」住戶邱正光也分享，種著大樹的居家陽臺可以做為室內空間延伸，綠化及美化環境，室內也真的感覺較為涼爽，清晨還能聽到鳥叫蟲鳴。

蕭智夫坦言，因為這樣的經驗，讓他在之後的設計案中，格外重視半遮蔭及通風設計對應於微氣候的調整，對於宜居建築的設計也有更多想法。

有效防堵二次施工

現代的建築思維，不再只是追求建築的美感，而是期盼能帶動周邊環境、提升居住品質。

「臺中市大概從2015年開始就希望形塑具有特色的臺中建築，後來以垂直綠化為核心概念定調『宜居建築』，並在2019年發布相關辦法，」臺中市政府都市發展局建造管理科科長陳姿云指出，在高樓外牆、陽臺和屋頂栽種植物，形成垂直綠化帶，是建築物密集的城市欲擴大綠覆蓋率的重要手段，有助於提升固碳量，緩解熱島

複層式露臺不會併入容積計算,讓建築綠化設計能更有創意及效能。(圖片來源:新業建設)

效應,美化城市景觀。

「要讓開發商朝此方向落實,就必須提出誘因,」陳姿云說明,依據《臺中市鼓勵宜居建築設施設置及回饋辦法》,建築垂直綠化設施、複層式露臺、雙層遮陽牆體、植生牆體和造型遮陽牆板等,這些都不會被併入容積及建築高度計算,建商和建築師在建築綠化設計上就更能放手,發揮創意及效能。

「在沒有頒布宜居建築辦法之前,建築物綠化的想法基本上只停在法定空地,或是在屋頂平臺空間植栽,如今建築立面、陽臺、露臺等都可以垂直綠化,」陳姿云也強調,想獲得容積回饋可不能簡單虛應故事,每一設施留設的綠化面積必須達二分之一以上,且

陽臺要採降板設計，備有自動滴灌系統等。

此外，更規定垂直綠化設施高度必須達5米，有利喬木生長，為此建築師必須做錯層設計，才能符合辦法規定，同時也防堵了宜居設施二次施工變成室內面積的可能性。

「想想看跨了兩層樓高的大陽臺高度，樓上是別人家的，怎麼可能施工把陽臺包圍起來？」陳姿云透露，宜居建築的相關辦法考量到了各個層面，而且依據施行狀況及現實需求，不停地討論進行辦法修訂。

除了鼓勵開發商響應宜居建築設計，後續的維護與管理也有周延設想。

建立回饋機制形成維養文化

宜居建築相關辦法納入了回饋機制，規定住宅社區領得使用執照之前必須繳納回饋金，其中40%用於宜居建築的研發及行政管理費用，60%用於後續設施的維繫，只要宜居建築綠化設施在日後有完善維護，60%的回饋金會於建築取得使用執照滿兩年後，每兩年返回給社區25%，陳姿云解釋：「這樣社區至少有八年時間可以好好養護綠化設施，讓大樹長好，也形成社區維養文化。」

經過多年推動，臺中市宜居建築已經有不錯的成果。陳姿云說：「現在開車從旱溪東岸走往西岸看，建築植栽逐漸成形，一眼

看過去真的很漂亮。」隨著時間發展，建築垂直綠化成效會愈來愈明顯，臺中市的都市風貌也會自然而然變得很不一樣。

　　根據臺中市政府都市發展局截至2024年9月底的統計資料顯示，臺中市已經有243案取得宜居建築的建築執照，完工的已有39案，合計透過宜居設施種植了9,727棵喬木，建築總固碳當量達9,792公噸，約創造了4.3座文心森林公園，延續引風、增綠、留藍政策，有效降低都市熱島效應。

指認風廊，讓路給風

全球均溫年年上升，熱能累積愈來愈多，地球愈來愈熱，增加水域和綠地可以有效降溫之外，重建城市自然通風的機制，讓路給風，也是許多國際都市解決熱島效應的方式。

讓風吹進都市是國際許多城市解決熱島效應的方法，而水綠空間有助於形成良好的風廊路徑。（圖片來源：臺中市政府都市發展局）

根據歐盟氣候監測機構哥白尼氣候變遷服務（Copernicus Climate Change Service, C3S）公布的數據，2023年全球地表平均氣溫為攝氏14.98度，創下自1850年有全球紀錄以來的最高溫。

「建材會吸收日射而蓄熱，在戶外，風吹過可以把建築表面的熱量帶走，吹進開窗的室內也能降低空調負荷。戶外的行人也因為涼風而帶走身體累積的熱量，降低體感溫度，」國立成功大學建築系教授林子平曾公開表示，綠地不足、通風不良、缺乏遮蔭都是造成都市高溫的原因，「增綠、留藍是降溫最直接的兩種方式，其次則要讓風吹進都市。」

德國早在1930年代，就開始研究區域風向如何影響城市溫度分布，通過科學觀察、風洞實驗、數學建模和實地測試，探索出一套有效的城市降溫策略。斯圖加特（Stuttgart）更自1938年起便有氣候科學家參與都市規劃，分析土地使用對都市氣候造成的影響，進而制定管制規則，以順應自然的方式設計空間，重建城市通風機制，建立風廊。

城市風廊可以促進空氣流動，減少熱島效應和空氣汙染。「香港在亞洲算是很早開始規劃風廊的城市，主要是SARS流行的時候，發現有些大樓是因為通風不好而導致感染擴散，」林子平說，香港很多一排一排的屏風樓，風沒有辦法自然流動，於是

香港便設計了「風道」，利用海風和山風促進空氣流通。

東京也利用河道和開放空間促進空氣流通，再通過大規模風廊規劃和建築限制，改善空氣品質。新加坡是延伸「花園城市」的概念，在城市規劃中明確劃定主要道路、河流和城市公園的風廊區域，並且大量推行垂直綠化和屋頂花園，增加城市綠化覆蓋率，成功實現降溫與改善空氣品質的目標。

首爾則是利用漢江的自然風，設計連接城市各區的風道，並且在風廊區域內拆除高密度的老舊建築，增加開放空間及綠地，在降溫和改善空氣品質上獲得顯著效果。

超前部署通風容積獎勵

風，一直是全球都市降溫的主要方式，想讓風吹進都市，首先需要建築物讓路給風走。

臺中市很早便對國際做法投入研究，並在《都市更新建築容積獎勵辦法》中創下先例，引入「城市風廊」設計概念，以基地通風率（site ventilation ratio, SVR）及鄰棟間隔做為評估指標。

「基地通風率指的是在特定風速下，空氣能夠通過建築基地的比例，」林子平說，建築物之間保持足夠的間隔，才能確保風可以在建築群中流通。

考量建築配置對都市環境採光、通風效果都有影響，臺中市政

臺中市有八大河川，可做為主要輸送城市新鮮空氣的重要廊道。圖為筏子溪景觀生態廊道。
（攝影：薛泰安）

府希望透過量化評估建築基地通風設計，以2%至5%的容積獎勵，鼓勵開發商適度留下給風走的廊道，目前更研議新增低層部通風率的規範，提升在街道上行走的舒適性。此外，也參考國外做法，將熱島效應的研究、微氣候分析做為土地使用、都審和開發參考。

臺中市得天獨厚擁有八大河川，包括筏子溪、南屯溪、土庫溪、梅川、柳川、綠川、旱溪、大里溪等，做為主要輸送城市新鮮空氣的重要廊道，臺中市政府都市發展局局長李正偉說：「引風對於減少都市熱島效應、提升居住環境舒適度可以有顯著的成效，臺中市從都市計畫便著手規範，是因為現在不做，等建築物都蓋好就來不及了。」

「要在建築物密集的城市內空出風廊並不容易，」林子平說，國內外許多研究都建議要引綠地、河川的涼風以降低都市高溫。但

是這些空間如果被大樓密集包圍，就會像一群人密集站在電風扇前，前排人享受涼風，後排人卻十分悶熱。

臺中風廊設計的主要關鍵，在於加寬建物間的距離，將建築物側身或調整角度，讓出空間，使風可以流動，進入都市角落。林子平表示，通過風向分析和地形特徵研究，就能標示出風道的具體位置和流動方向，繪製詳細的風廊圖資，掌握需要增強空氣流通的關鍵區域。

「以科學角度來看，太陽的方向與移動可以預測，但是風，瞬息萬變，」林子平說，要讓路給風，需要先有目標。「臺中市超前部署，在市區設有多個溫度觀測點，首要之務就是要確認都市高溫在哪裡，也就是指認『熱區』。」

風廊就像是一條河

指認出熱區之後，下一步就是建立風廊系統。

風廊可分為自然風廊及都市風廊兩部分。林子平解釋，在自然環境中因溫度差及壓力差，產生由低溫至高溫處的氣流，且因地形圍塑，形成一條特定的路徑，稱之為自然風廊；自然風廊進入建築物高聳密集的市區後，能夠彼此連結成為一條連續路徑，這路徑就可以稱之為「都市風廊」。

一般而言，白天的時候，郊區氣溫與都市市區接近，風吹過僅

臺中市城市風廊參考圖

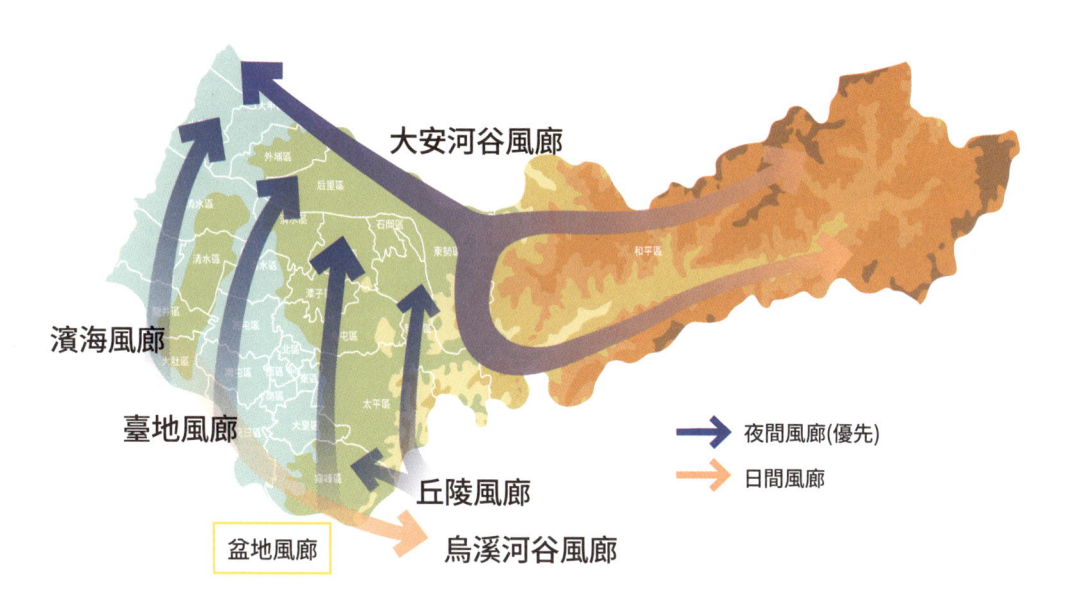

大安河谷風廊
濱海風廊
臺地風廊
丘陵風廊
盆地風廊
烏溪河谷風廊

→ 夜間風廊(優先)
→ 日間風廊

資料參考：林子平等（2023），永續城鄉宜居環境－臺中都市熱島效應空間策略計畫，臺中市政府。

能讓人體感到舒適，但到了晚上，郊區氣溫降低，涼爽氣流進入都市，即可有效帶走都市熱量。

「夏季日間盛行的風向主要是來自臺灣海峽的西向風，夜間則以南風為優勢，」林子平表示，臺中市夏季自然風廊具有以下特徵，首先是河谷風廊，其風向是從大安溪與大甲溪上游往西，到下

游處交會合併，由陸地吹向海域，呈現Y字形的風廊。其次是濱海風廊、臺地風廊、盆地風廊，都是夜間由南向北吹的南北向風廊。建構風廊系統時，會以夏季夜間的風向做為優先考量。

「建構都市風廊的前提是，該區域應有自然風廊通過的條件。簡單地說，要有自然風廊才會有都市風廊的存在，」林子平說，都市風廊可以依照都市風阻的特性，定義出潛在風速的大小，再依據不同的風速及散熱能力，分為主要風廊和次要風廊。「水綠空間的自然空氣有助於形成良好的風廊路徑，因此，風廊規劃也會參考市區內既存的綠園道、水岸自行車道等開放空間。」

風權的倡議

臺灣夏天吹西南季風，冬天吹東北季風，風進入城市後，會受到自然地形及城市規劃所影響。「把風廊想像成一條河流，如果想要讓水流增大，拓寬河流寬度就是一個辦法，」林子平以文心路為主要風廊的系統為例，「道路兩旁建築物退縮愈多，通風量自然也就能增加。城市不可能把建築剷平，但是至少留一條道路給風，這條道路就是風道。」

日照權有法律規定，通風權卻無法可管制。風權，其實就是給風一條路，不會有建築物在途中擋下，讓風可以延續到城市裡，把熱氣帶走，不能擋住別人的風。

「臺中市政府選定開發較早的大里區，以及新開發的十四期重劃區做為兩個實踐風權的示範區域。剛好一個是舊市區、一個是新開發重劃區，」林子平說，風就像水一樣，要讓風流動，首先是讓建築物退縮，其次是規範建築物的間距及總面寬，透過容積獎勵，鼓勵開發商在建築設計中採用有利於通風的設計，有效改善城市空氣流通，降低城市溫度，即能減少空調使用需求，進而減少能源消耗和二氧化碳排放，改善城市微氣候。

　　確認出風道後，下一步就是納入都市計畫的通盤檢討。臺中市新市政中心專用區的通盤檢討就加入了都市熱島調適議題，研擬計畫區的風廊策略。

　　臺中市政府都市發展局綜合企劃科科長江日順表示，《臺中市國土計畫》並非僅限於開發導向，不但在計畫中盤點全市生態網絡資源，更進一步導入都市韌性規劃、低碳發展、城市風廊及生態親水環境等手法，提升地區調節能力，落實國土保育。

　　將城市風廊導入《國土計畫法》，代表著一個城市的遠見。

　　「現在連歐洲夏天也會出現超過攝氏40度的高溫，但風速每秒增加0.5公尺，最多可降低攝氏1.8度的體感溫度，」林子平說，減少高低溫區的溫差，熱就不會蓄積，「讓每個人都有權利享受風，都市規劃也有傳遞風的義務。」

　　全球國際大城市一樣都面臨熱島效應的挑戰，「引風入市」

不僅能夠有效緩解都市熱島效應,更可以改善城市整體環境與生活品質。

「河道、綠地、道路、建築物的棟距,都是城市裡天然及人為的風廊,」林子平分享德國南部城市弗萊堡(Freiburg im Breisgau)擴建足球場的案例,強調風廊觀念對城市規劃的重要性。

弗萊堡體育俱樂部(SC Freiburg)曾計劃在主場黑森林球場

設置生態親水環境,可調節地區微氣候。圖為秋紅谷景觀生態公園。(攝影:薛泰安)

（Schwarzwald-Stadion）新增看臺的高度，但如此一來可能會擋到從山谷吹下來的風，引起許多市民團體疑慮。「其實當時環境法裡只是簡單寫著，要讓新鮮及涼爽的氣流有對流機會，就是這樣一句話而已，」林子平說，道理很簡單，就是明知有風吹過來，為什麼要蓋一個建築物擋住？最後足球場不僅不能增建，還另外找地方重建。這就是市民對風的權利，以及風廊的概念。

國際接軌

讓路給風，成功的公民行動

德國南部城市弗萊堡位於萊茵河谷，緊鄰黑森林，夏天會有來自黑森林高處，以赫倫谷命名的赫倫泰勒風（Höllentäler Wind），天黑之後吹入市區，如同天然冷氣，帶走白天的高溫。

當地足球隊弗萊堡體育俱樂部的主場剛好位在風道上，興建之初，因為看臺不高，對風的流動沒有造成影響。之後球場要擴建觀眾席，民眾與專家都擔心看臺增高會截斷風廊，阻礙風的自然流動，多次向俱樂部及政府提出建議，幾經評估後不但終止擴建，並且決定讓路給風，選擇其他地點蓋新球場。

臺中市都市計畫也引入「城市風廊」概念，以政策鼓勵開發商「讓路給風」，一同為城市降溫努力。

實踐計畫 **7**

TRANSFORMING LI
SOCIAL H

臺中社宅：
比豪宅更好的好宅

VES WITH QUALITY
OUSING

社會住宅是許多國家落實「居住正義」的重要政策方針，
然而，社宅可以不只是社宅，
而是城市實踐永續、共融的新生活模式。
例如社宅居住比例超過四成五的維也納，
透過全面改造社宅的能源配備節能減碳；
荷蘭透過多樣性住宅方案化解弱勢族群隔閡。
臺中市政府則是從推動社宅之初，
便以打造「台中好宅」為發展核心，
藉由軟、硬體設施的導入，滿足生活機能，促進社區交流，
同時，減少能源消耗實踐環境永續，
打造全齡健康生活的優質環境。

栽下友善的種子，
拉近人與人的距離

社會住宅不僅是滿足居住正義，更能樹立都市化發展下理想的生活模式，透過硬體設施的良善規劃、軟體的引導，實踐環境友善、鄰里扶持的美好生活。

臺中市政府期望賦予社會住宅更豐富的面貌，讓社宅不僅保障弱勢者居住，也能成為社會設施與公共服務的載體。（圖片來源：臺中市政府都市發展局）

根據聯合國制定的《世界人權宣言》：人人有權享有為維持他本人及家屬的健康和福利所需的生活水準，包括食物、衣著、住房、醫療和必要的社會服務。

　　為了保障國民的「居住權」，2012年行政院拍板推行社會住宅，選定臺北市、新北市優先興辦。有別於過去國宅、合宜住宅由政府興建，平價出售，社會住宅強調「只租不售」，不僅保障弱勢者居住，也讓初入社會的年輕人、單親、婦女等族群，在人生過渡期有一個安身居所。

　　儘管立意良善，但臺灣《住宅法》規定，社會住宅必須優先保障40%的弱勢族群承租，一般民眾基於刻板印象，擔心「鄰避效應」而心生抗拒。

　　2014年行政院核定社會住宅的中長期推動方案，函文各都擴大辦理社會住宅，當責的臺中市政府都市發展局，在舉辦地方說明會時就遭遇抗爭，周邊鄰里很害怕，擔心承租戶成員太複雜帶來治安危機。

　　都市發展局過往的專業在於擘劃都市藍圖、提出城市願景，原先並不熟悉社會住宅的興建與管理，但在遍訪國外成功案例後，臺中市政府住宅發展工程處試圖賦予社會住宅更豐富的面貌。

　　臺中市政府都市發展局局長李正偉進一步說明：「社會住

宅不僅應該成為都市的開放空間，更可以是社會設施與公共服務的載體。」

從擔憂到爭取社宅當鄰居

豐原安康一期好宅由設計校舍、車站等公共建築聞名的建築師姜樂靜操刀，住宅處力抗鄰里壓力、悉心溝通，一千六百餘坪基地最終規劃一棟Y型建築，沒有圍牆、隱去邊界，建築退縮的空間充分以植栽綠意美化，社區內的社區好站與健康關懷站，同時為社宅居民與周邊鄰里提供服務。

鄰里發現，可以在社宅空間放心漫步、運動、跳跳廣場舞，也可以參加社區好站舉辦的相關活動。日積月累的交流，化解了誤解與隔閡，社宅的好名聲不脛而走。

於是，「共享空間」在其後每一處社宅愈加發揚光大。

以太平育賢一期好宅為例，外在場域的運用更加豐富，長型的基地開放空間留設公眾人行步道，雙棟建築物之間是一座有著綠階梯的中庭廣場，一樓配置社宅的管理室，另有社福機構、長者日照中心、非營利幼兒園、托嬰中心，餐飲店也進駐其中，服務都不僅限於社宅居民。

社宅居民的面貌將形塑社區風格，除了40%保障的弱勢族群，住宅處首次招租其餘60%住民時，採取有別於其他縣市的做法：申

台中好宅引進社福機構、日照中心、幼兒園等多元機構，服務不僅限於社宅居民，鄰里也能受益。（圖片來源：臺中市政府都市發展局）

社會住宅的外在場域可成為鄰里的共享空間，互相在此交流，自然化解外界對社宅的成見。（圖片來源：臺中市政府都市發展局）

請者年滿十八歲以上、未滿四十六歲、工作地點在臺中市、新婚兩年內或育有學齡前幼兒，都可以加分，共居者財稅符合申請當年度公告之標準即可獲得承租資格。

也因此，社宅居民至少一半是年輕勞動者或青壯年家庭，充滿活力，也不時縈繞孩子的歡笑聲。鄰里發現，社宅從硬體到住民都素質極高，臺中市民不再擔憂社宅有鄰避效應，甚至還有里長爭取社宅來做鄰居。

「台中好宅不僅是實現居住正義，更能促進社會融合，」李正偉進一步說明，台中好宅兼容不同階級、職業、世代、族群的住民，以族群融合為例，其餘縣市的社宅提供6%保障戶給原住民，臺中市則於今年宣布一舉拉高為8%，就是希望拉近不同背景的市民，促進認識與理解。

此外，臺中市推出全國最優惠的社會住宅租金折數「567777」方案，民眾每人享有入住台中好宅第一年租金打5折、第二年6折、第三年到第六年打7折優惠，若有低收入、身心障礙或原住民資格，可另行申請租金補貼，擴大照顧弱勢家庭的需求。

為住戶製造熟識機會

在住宅處描繪的願景中，透過妥善的空間規劃，台中好宅可以是現代集合式住宅理想生活的典範。

隨都市化發展，現代人一返家就關上大門，讓「遠親不如近鄰」這句話蒼白失溫。儘管民間興建的住宅大樓，交誼廳、健身房等設施也一應俱全，但是住戶不見得會去使用，鄰里不打照面，也失去交流機會，難道真的希望每天就是生活、工作兩端折返，對中間路徑沒有任何期待嗎？而社會住宅是一個讓居民重新審視理想生活樣貌的大好機會。

社會住宅是現代集合式住宅的典範，亦是讓居民重新審視理想生活樣貌的大好機會。（圖片來源：臺中市政府都市發展局）

早年農村生活的住宅型態以三合院為主，各家各戶共享一個埕，在一起工作、聊天，小孩玩耍，雞犬相聞，互相幫忙扶持，提供情緒價值。過去鄉間的廟前、某棵大樹下的交誼空間，透過錯落配置在社宅中，可以打造成為一座垂直村落。

　　李正偉表示，台中好宅的建築樣態多變，不是呆板的幾何堆疊，會刻意在空中露臺、電梯出口或是廊道底端留白，當成表演舞臺或是小型市集，另外也有屋頂農園、公共廚房，一再創造社宅居民的相遇機會，透過點頭打招呼、面熟，再進一步認識交流。

　　進入到室內單元，更可以感受到「房東」的用心。

　　台中好宅不管是一房、兩房或是三房的房型，每個格局都有開

最新落成的第九處社宅「台中公園一期好宅」，鄰近公園及與購物中心，加上生活設施多元，深獲好評。（圖片來源：臺中市政府都市發展局）

窗，每一戶都有對外陽臺，通風採光自然流瀉，一掃蝸居室內的逼迫感，客廳、廚房與衛浴設備是基本配備，最小的一房房型起碼也有11坪，提供適足的使用空間。

豐原安康一期好宅落成時，一位高齡婆婆承租戶就感動驚嘆：「我活到這麼老了，這輩子從來沒有住過景觀這麼好的房子。」她過去總是住在狹小的鐵皮加蓋屋或是地下室，居住環境陰暗濕熱，更遑論有對外景觀，對一般人來說可能是最平常不過的居住要求，對於弱勢族群卻是從未有過的經驗。

公共設施多元豐富

台中好宅遍地開花，最新落成的第九處社宅「台中公園一期好宅」，正對著3萬坪的臺中公園，旁邊則是LaLaport購物中心，生活設施多元豐富，包括親子館、健身房、旗艦型便利商店、社區好站，頂樓還有300公尺長的空中跑道，戶數達八百零二戶，吸引超過四千人參加抽籤。

展望未來，更多的台中好宅計畫正陸續展開。截至2024年9月住宅處統計，目前完工的十四處社會住宅總共有三千六百多戶，興建中的基地則有十二處，約四千八百多戶，預計2024年年底再陸續開工四處基地，興辦戶數將超過一萬兩百戶，提前達成預定於2026年推動一萬戶的興辦目標。

依據行政院「社會住宅興辦計畫」分配，中央與臺中市政府於臺中市境內合計興辦目標為一萬四千戶，目前中央對外公開的興辦戶數共五千兩百六十戶，加計臺中市政府興辦的一萬兩百餘戶，也超越了目標。除了數字達標，台中好宅區位更是坐落在公園、車站等核心精華地段，讓好宅居民也能享有寬闊視野、便利交通，落實「宜居」的核心價值。

提升行政效率，貼心便民

隨著社宅居民愈來愈多，2020年住宅處決定把服務網站全面優化。

首先，仿效民間搜房網站諧音概念，打造一個便民的「台中市社會住宅17租」網站（https://17zu.taichung.gov.tw），網頁清楚登載各處好宅的待租資訊；此外，民眾只要使用自然人憑證，就可以直接匯入戶籍、財稅等相關資料進行線上申請，省下奔波於各個機關調閱資料的時間，也減少政府人工核對資格的作業。

網站採取電影院線上選位及大學選課的機制，民眾可以線上看格局、選戶型，大幅精簡招租流程，安然挺過疫情警戒期，成為科技提升行政效率的絕佳案例，因此榮獲2022年金點設計獎的服務設計類別，就連國家住宅及都市更新中心與其他縣市，也曾前來住宅處詢問取經。

除了「17租」網站，已入住的好宅居民則有一個類似App的PWA（Progressive Web Application）系統，可以在手機上接收社宅大小事，包括宅配到貨通知、線上繳費、預約公設使用時間，也可以透過系統申請報修，360度的環景照片讓住戶直覺式點選待修物件。與時俱進的科技支援，讓住宅處大幅提升行政效率，更加便民貼心。

建置互助機制，
補起社會安全網

社會住宅的推動成果，不能單以「量能達標」來概括，也不是「房子蓋得漂漂亮亮」一言以蔽之，置入的多元軟體服務才是關鍵。

社會住宅從照顧弱勢家庭出發，導入社工與軟體服務，可提供更多支持與陪伴。（圖片來源：臺中市政府都市發展局）

照顧弱勢是社會住宅的基本要求，因此總戶數的40%必須出租給經濟或社會弱勢者。如何關懷照料這些人，對臺中市政府住宅發展工程處來說是全新挑戰。

籌備台中好宅期間，臺北街頭發生小燈泡事件，一位精神障礙者在路上隨機砍殺，讓許多家長同感心碎與害怕。舉國譁然之際，多方討論如何補起社會安全網並回應身心障礙與弱勢租客的需求，於是臺中市政府住宅發展工程處與社會局橫向聯繫合作，思考如何導入社工與軟體服務。

透過社會局轉介，住宅處聯絡了伊甸社會福利基金會。該基金會曾於2012年自籌經費買下臺南市大林國宅一棟建築，提供給肢體障礙者、失能長者及經濟弱勢者三類居民承租，成為全臺由非營利組織籌設社會住宅的首例，透過實際經驗提供住宅處不少建議。

引入社福團體擴大鄰里服務

因此，臺中市創新做法，在興辦台中好宅時就在一樓預留空間，以優惠租金邀請在地社福團體進駐。

首座落成的豐原安康一期好宅，就有伊甸社會福利基金會與中國醫藥大學駐點，其後各處社宅另有中山醫學大學、弘道老人基金會、校園之愛學生志工運動聯盟協會等，依照不同專

長,成為每個基地裡的「微型社福中心」,做預防性的社區工作。

「我們的定位是好鄰居,所以辦公室叫作好鄰安康店,工作人員不自稱社工,而是叫店長,」伊甸社會福利基金會臺中區主任張明晃表示,全臺各地社會住宅都必須配置社福單位,但臺中市跳脫社福傳統個案服務,服務量能遍及社區,甚至周邊鄰里。

以伊甸社會福利基金會經營的「好鄰安康店」及「好鄰育賢店」為例,店內除了配置社工辦公室、輔具展示租借站,另闢開放式的圖書遊戲空間。每逢下課時間,社區孩子熟門熟路入內,坐在木質地板上自在閱讀,長輩也時不時來打招呼、看看報章雜誌,或是偶有關懷戶來社區好站領取物資,透過日常的接觸觀察,「店長」最能掌握社區居民的狀態。

例如,一位七十多歲的老奶奶與剛成年的孫女同住豐原安康一期好宅,當奶奶出現失智徵兆,孫女因社會歷練不足無力照顧,店長就協調陪同就醫,並且一起擬定後續的治療與服藥計畫;也曾有一位獨居爺爺在家昏倒後送醫,出院後社工在社群軟體號召居民,幫忙送餐並確認生理狀況,陪伴爺爺直到恢復自理能力為止。

提供陪伴與支持

更進一步的則是預防性服務。「每個社區都可能遇到夫妻吵架、體罰孩子的狀況,過去只能靠鄰居或是物業管理人員通報社會

局，提供補救協助，」張明晃分享，社區好站最大的不同，是在平日提供支持與陪伴。

例如好鄰安康店開辦免費的課後照顧班，目前收了二十六名孩子，一半是社宅關懷戶家庭、一半來自社區弱勢家庭，「我們發現孩子放學後在社區遊蕩，有些是學校拒收，有些是家庭經濟無法負擔私立安親班，我們除了課後照顧老師外，也募集志工協助托

住宅處為台中好宅住戶開辦生活學校，課程多元，同時創造鄰居間更多互動與交流的機會。
（圖片來源：臺中市政府都市發展局）

育、陪伴孩子寫功課，減輕家長育兒壓力，降低父母打罵教育的可能，」張明晃進一步說明。

此外，住宅處更開辦生活學校，每年多元類型之實體課程與線上課程，給不同年齡層級族群學習交流的機會，課程涵蓋家庭照護、家具修繕、生活理財及藝術療癒，希望給予台中好宅住戶一份帶得走的技能或知識，也和鄰居有更多互動與交流。

設法接住弱勢孩童

弱勢與一般戶的隔閡，經常源自於不接觸、不了解。

一名二十多歲、罹患思覺失調症的女孩，由於外表無法保持乾淨，常人一眼便察覺異樣而心生排斥，過去總是跟著母親到處搬遷租屋，直到入住台中好宅，好鄰店邀請她擔任量體溫志工，鄰里經常見面接觸，逐漸認識理解、心生包容，女孩的生活也步入常軌、心情穩定，靦腆開心地說：「終於不用搬來搬去了。」

經常搬家會讓孩子童年顛簸，難以建立良好人際關係，也容易在情緒與課業遭逢困難。臺中市政府在2024年修正《臺中市社會住宅出租辦法》，符合經濟或社會弱勢者的關懷戶續租期限從六年延長至十二年，除原屋續租至十二年，租期屆滿仍可再申請其他社宅，擴大照顧弱勢家庭。

「單親家庭若能在社宅住到十二年，孩子童年相對穩定，」張

明晃說，這就是用政府力量接住了他們。

　　弱勢悲歌的第一現場都是發生在家戶、社區之中，因此台中好宅不應只是提供硬體，更應從軟體面著手，才能防微杜漸。也由於臺中市有了這麼暖心的起頭，現在不少基金會或社福團體都主動接洽住宅處，希望可以進駐執行計畫，讓台中好宅的安全網交織得更綿密。

迎合時代，
打造新型態居家生活

「共同好好生活在一起」是台中好宅的核心精神，牢牢扣緊硬體空間和軟體服務，並透過公、私創意激盪，陸續推出「種子戶」、「共居戶」、「SOHO 戶」、「長者換居戶」等迎合現代社會需求的居家型態，未來還有「創業戶」，一再刷新社宅印象。

促進互助、共享的共居文化，讓鄰里關係更密切。（圖片來源：臺中市政府都市發展局）

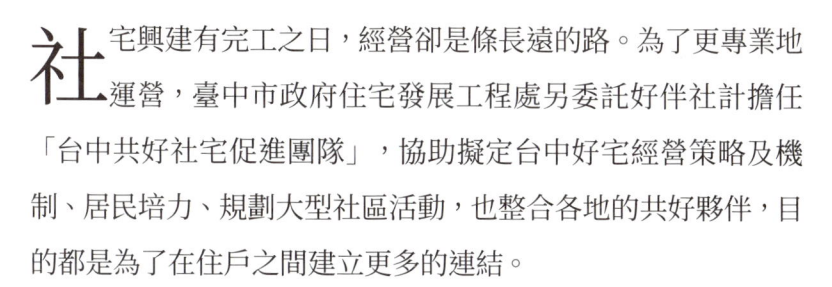

社宅興建有完工之日，經營卻是條長遠的路。為了更專業地運營，臺中市政府住宅發展工程處另委託好伴社計擔任「台中共好社宅促進團隊」，協助擬定台中好宅經營策略及機制、居民培力、規劃大型社區活動，也整合各地的共好夥伴，目的都是為了在住戶之間建立更多的連結。

　　最初落成的幾處社宅都設有「種子戶」，住戶透過「種子行動提案」評選入住，必須每月舉辦兩小時活動，以交換免抽籤入住好宅的資格。種子根據自身專長與興趣投入社區經營，促進互助、共享的共居文化，舉辦共食、運動、手作、親子、園藝等活動，從點頭打招呼、彼此拜訪，到一起出門休閒，讓鄰里關係變得更緊密。

　　好伴社計企劃人員魏育仁，就曾經是豐原安康一期好宅「種子戶」的一員，由於喜歡熱鬧，每個月樂此不疲地舉辦活動，夥伴揪人也一定看得到他，成為亮眼的存在，於是第二年大里光正一期好宅展開公共藝術計畫時，他即受邀加入策劃團隊，從住民搖身變成策劃者，如今更經常埋伏在各社宅LINE群組之中傾聽心聲，他笑稱自己是好宅的「雲端鄰居」。

　　目前梧棲三民好宅仍有種子戶，不過，住宅處持續滾動調整，從硬體著手，希望藉由空間設計導入生活，轉換住戶的使用習慣，推出更多不同戶型來擾動社區。

臺中市近年人口增加，有不少是隻身在此求學、工作的外地移民，人際互動僅限於同學或同事，缺乏家庭的支持與陪伴，也許有人渴望保留自己的私密空間，但回到家還是希望有人陪，因此住宅處催生出「共居戶」的創新發想，硬體設施更是讓人耳目一新。

　　以北屯北屯好宅的共居戶為例，一整層樓分成四大「鄰」，每鄰內各有五戶，每戶都有獨立的衛浴與對外陽臺，保有個人空間，更特別設計共享玄關、客廳、廚房、餐廳與一個大陽臺。因此，想一個人靜靜可以關上房門，但想找人吃飯就在公共廚房共煮共食，自然漸進地與共居室友成為同在都市生活的「類家人」。

共居戶打破交友圈

　　自主接案做細清服務的曾柏凱，目前是北屯北屯好宅共居房住戶。他很滿意現在自己獨享衛浴，不必遷就他人習慣，走出房門還可以使用採光明亮的廚房、餐廳，重點是「房子新、屋況好，又比外面同等級的租金便宜」，在尚無能力購屋置產的現階段，就能享有一定的居住品質。

　　曾柏凱從小就跟著母親、妹妹在臺中租賃而居，因為渴望獨立生活，所以積極上網搜尋租屋訊息，努力爬文才得知北屯北屯好宅即將落成，「我很想搬出來自己住，一般戶型的抽籤要等比較久而且只能靠運氣，很怕抽不到，共居戶型則是有努力就有機會，所以

根據自身專長與興趣投入社團經營，讓鄰里關係更緊密。（圖片來源：臺中市政府都市發展局）

當開放共居戶型徵選時，我就立刻報名了。」

要成為共居戶的條件並不嚴苛，「志同道合」最重要。首先要填寫書面申請，經面試通過後還要參加「共識營」，住宅處與無印良品合作，請居家布置達人擔任講師，凝聚住戶對生活空間的配置共識，另設計活動讓共居戶了解彼此，找到頻率契合的室友。

個性開朗的曾柏凱說：「原本自己的人際圈很固定，而共居戶的室友來自四面八方，可以突破同溫層，彼此的想法難免互相撞擊產生爭執，但依舊是很好的互動。」

成為共居戶有項條件，就是每一鄰的共居戶必須為社區舉辦一次活動，曾柏凱彷彿重溫大學社團生活，在聖誕節期間籌備了一場熱熱鬧鬧的小型聚會。他先印發傳單挨家挨戶通知，活動地點則是選在通透的廊道，運用室友的健身專業進行體能闖關趣味賽，還有

聖誕節禮物交換應景，當天活動吸引了三十多人來參加。

住宅處同時讓藝術行動深入社宅，依《文化藝術獎助及促進條例》，社會住宅須編列建築物造價1%的經費辦理公共藝術，有別於定點式擺放巨型藝術作品，台中好宅邀請藝術家進駐，進行空間藝術創作，透過行為擾動，打開住戶的生活與感官體驗。

曾有藝術家在一棟樓的角落，利用投影設備在白色牆面播放作品，路過的好宅居民都能觀賞。當設備與作品撤離，居民靈機一動，就在同一個場地播放電影，邀集鄰里孩子一起觀賞，這就是藝術行動帶來的啟發。

鄰里相助成為日常

為了延續「一群人持續一起做一件事」的理想，住宅處更導入「社團計畫」，只要在好宅集結到三戶住民，在三個月內完成三場試辦型活動，就提供三千元的社團開辦費，日後舉辦活動也可申請補助費用，社團面向多元，可能是運動或技能，像籃球、羽球、吉他，也可能是輕鬆的休閒活動或交流心得的時光，像桌遊、園藝、育兒等。

如今，最資深的豐原安康一期好宅也才第六年，但是各處居民都有活絡的交流與互動，情感厚度不輸十多年老社區，守望相助是日常。根據住宅處針對好宅住戶所做的調查，35%的人表示曾經收

過鄰居的好意或幫助，從幫忙買東西、收送物資、臨時看顧小孩，甚至殺蟑螂、處理昆蟲屍體都有。

「臺中市是一個移居城市，人口持續移入增加，希望不管大家從哪來，都可以在台中好宅中找到生活的伴，讓臺中成為他的新故鄉、好所在，」臺中市政府都市發展局局長李正偉認為，當移居城市邁向為「宜居城市」，台中好宅示範著生活不只有一種方式，更能承接都市人的寂寞煩憂。

成為青創者的基地

2024年最新落成的東區台中公園一期好宅，除了共居房，還另外再打造二十一間的「SOHO房」（Small Office Home Office），室內家具採收納折疊式設計，住戶可以隨自身需求配置辦公桌椅或會議桌，落實自由、彈性、生活與工作結合的新型態居家需求，也因此被定義為臺中市青年創業基地，期望未來能成為臺中成功創業者的搖籃。

興建中的西屯國安一期好宅由於位處中科商圈，周邊人口密度高、商機活絡，更進一步嘗試創新，一樓將邀請大型連鎖商店進駐，並設計階梯動線把人流導至樓上，在三樓規劃了一整排的「創業房」，對內維持私有領域，靠近房門的區域則規劃出工作空間，假日也可擺放桌椅營業，打造一條微型商業廊帶。不少年輕人懷抱

「SOHO 房」的住戶可隨自身需求配置辦公桌椅或會議桌，呼應生活與工作結合的新型態居家需求。(圖片來源:臺中市政府都市發展局)

著創業夢想，但是租一個店鋪、櫥窗成本高昂，但是台中好宅不只是提供青年居住空間，還能支持青年創業。

還不僅於此，臺中市仍有為數不少的公寓老屋，讓六十五歲以上的年長居住者出入不便，今年4月住宅處推出「長者換居社會住宅隨到隨辦專案」，只要申請人及家庭成員在臺中市持有一戶無電梯住宅，且願意委由包租代管業者包租，就能以屋換屋、入住社會住宅，解決長者無資金換屋的窘境，真正落實老吾老以及人之老、政府協助安老的精神。

不斷滾動修正的硬體空間，持續實驗精進的軟體服務，台中好宅已然成為標竿。被譽為臺灣年度建設最高榮譽，由中華民國

不動產協進會聯合全國建築產官學界舉辦的「國家卓越建設獎」，於2019年增設「最佳社會住宅類」獎項，臺中第一處落成的豐原安康一期好宅即在當年拿下卓越獎首獎，2022年由太平育賢三期好宅榮獲卓越獎、西屯國安一期好宅於2023年獲頒金質獎。

另外，北屯北屯好宅在2023年獲得臺中市大樓建築景觀類建築園冶獎，以及IFLA亞太區國際景觀大獎佳作，台中好宅連連獲獎，深得肯定。

台中好宅重視空間需求，建立友善開放、合作互助的社群網絡，不僅突破外界對社會住宅的想像，也真正落實居住正義。

國際接軌

落實社會住宅的良善立意

荷蘭早在1901年就通過《住宅法》，保障人民居住權並提供法源，確立社會住宅為住宅政策中重要一環，目前約有四百萬人居住社會住宅。

能夠長期執行社會住宅政策，歸功於制度完善，以及社會普遍的包容與理解。荷蘭社會住宅以「混居」模式存在，一棟社會住宅中除了「出租房」，會有一定比例為「商品房」出售。

台中好宅雖然全數只租不售，但仍遵循「混居」精神，將「關懷戶」與「一般戶」打散樓層混居，再透過社區活動促進交流，化解對弱勢族群的偏見與誤解，社會住宅的良善立意才能真正落實。

實踐計畫 **8**

SUSTAINABLE AND COMMUN

扶植社區永續共融，家更美好

Inclusive
ities

早在1992年巴西里約舉辦的地球高峰會即提出，
實踐永續社區的概念，並不僅是為了解決全球環境危機，
亦旨在透過環境教育、公眾參與，建立新型態生活模式。
在都市化過程中，人與人的關係日漸疏離，
臺中市以社區永續為目標，透過「樂居金獎」評選活動，
引導社區從管理維護、友善設施、社區營造、節能減碳，
回應環境永續趨勢，
藉助人才培力，優化社區自治管理能力，
從根本構築臺中最美宜居風景。

樂居金獎，
幫助社區凝聚共好意識

全國各縣市經年舉辦「優良公寓大廈評選」，鼓勵市民積極管理維護社區。2019 年臺中市將評選活動更名為「臺中樂居金獎」，打造全新的識別系統，透過詳細的評鑑指標，指引社區回應聯合國的永續發展目標。

社區維護管理良好、鄰里相處和睦，是臺中市政府住宅處打造樂居金獎的重要參考指標。（圖片來源：大毅植幸福社區管委會）

「第三屆臺中樂居金獎，得獎的是⋯⋯」2022年入秋時分，數十位臺中市經營優良的公寓大廈管理委員會代表，齊聚在頒獎典禮現場，屏息等待揭曉獎落誰家。

「大毅植幸福！」話聲一落，掌聲熱烈，植幸福社區管委會主委廖明誠被住戶、物管人員、建設公司代表簇擁上臺領獎致詞，現場情緒激昂、喝采聲四起，盛況不輸大型影視頒獎典禮。

由臺中市政府住宅發展工程處主辦的樂居金獎，雖因疫情攪局於2021年停辦，各社區因為多了一年的時間，反而能從容做足準備參與隔年評選，讓2022年的競爭更加激烈，獲獎也愈顯珍貴。

獎項成購屋參考指標

臺中市新屋市場的買方，通常會有特別偏好的品牌，品牌建商蓋的房子就是保證；購買中古屋時，社區管理維護最重要，但民眾如何評斷社區維護得好不好？鄰里是否和睦？樂居金獎就成了重要的參考指標，也就是住宅處當初打造臺中樂居金獎的宏願。

過去，臺中公寓大廈管理評選僅依社區戶數及使用型態來分組，另設立數個主題特色獎，樂居金獎則區分得較為細膩。以2024年樂居金獎為例，「樂居社區獎」是以戶數及屋齡分界，區

分為小樂新生、大樂新生、小樂青壯、大樂青壯四組。

此外，再特別針對屋齡十五年以上不分戶數的社區，歸類為風華永樂組，以鼓勵老社區持續優化管理。各組會選出一名特優與兩名優等，最後，再從各類組的第一名中選出該屆的「樂居金獎」，做為年度最高榮耀社區。

社區不分組別還可參加「樂居特色獎」，針對社區綠化、友善設施、管理維護、節能減碳、社區營造、社區營運促進等面向給予獎勵，並區分出管理維護公司及個別的管理人員，表彰專業且用心的物業管理從業人員。最後還有一個網路人氣「小花獎」，讓參與社區能積極宣傳拉票，更可藉此打響樂居金獎的品牌聲量。

更重要的是，住宅處製作了完善的企劃書範本供社區參考，明確的遊戲規則就如黑夜中的燈塔，指引社區努力前進的方向。

金獎社區迎大力神盃

樂居金獎的評鑑指標包括「管理維護」、「友善設施」、「社區營造」、「節能減碳」、「社區綠化」，洋洋灑灑列出細項標準。以「友善設施」為例，又細分出使用綠色標章物品、物品回收再利用、訂有動物友善設施等十多則標準。社區只要羅列出佐證事跡，就可以拿到分數。

頒獎方式更有別於傳統，樂居金獎會仿效足球世界盃的「大

樂居金獎獎盃由得獎社區暫時保存，再移交給下一屆得獎社區，希望藉此形塑品牌，讓更多人知道如何經營社區。（圖片來源：大毅植幸福社區管委會）

力神盃」，總冠軍只能暫時保管一屆，便要移交給下一屆的得獎社區，以凸顯獎盃的尊榮稀有。而且獎盃委由藝術家打造，下方的「木」字由沉穩溫潤的大理石鑿刻，上方有房、有樹、有鳥，置入居家的重要元素，實踐對美好生活的想像。

這個獎盃會由臺中市政府都市發展局局長親自送到社區，安放在社區大廳成為鎮宅之寶，等待下一次金獎得主誕生時再移駕，儀式感十足，希望藉此形塑樂居金獎為一個品牌，透過傳承與學習，讓更多人知道如何經營管理社區。

事實上，臺中市有許多品牌建商，多年來積極提供售後服務、投入社區營造，默默塑造臺中市住宅的共好文化。

九二一大地震後，為了重建房地產市場信心，臺中在地建設公司除了在硬體上強化施工品質，更著重於住戶服務，除了協助成立

管委會，交屋後的前幾年也會持續參與社區經營，定期舉辦活動，像是插花、品酒、藝術表演、親子運動會，甚至帶著住戶做資源回收或是公益捐助，凝聚社區意識。

「但是建商參與頂多三、五年，只能做前半段，後續還是有賴住戶自發經營。管理良善的社區大樓能大幅提升抗災性，就像身體如果經常保養，就禁得起外來的衝擊，」中華民國不動產協進會理事長張麗莉觀察，臺中獨創的樂居金獎不只是評審給獎就完結，政府更是做為前導先鋒，把ESG觀念導入社區，例如如何節能省電、如何降低垃圾量，推動社區管理維護跟上時代潮流，透過軟硬體更新，就算是老舊社區也能永續。

建商協助社區管理上軌道

帶著「大毅植幸福」拿下樂居金獎最高榮譽的時任社區主委廖明誠，是典型的臺中新移民。他在高雄出生長大，北漂求學、工作、結婚，而後因為應聘到臺中的大學任教，過了十幾年南北奔波工作的日子，最後考量居住品質與生涯規劃，2013年下定決心移居臺中。

「我新婚時在新北市買了一間著名建設的新成屋，但是建商施工與竣工圖面不符，造成公設遲遲無法點交，與住戶之間有些糾紛，」廖明誠坦言，過去不好的購屋經驗，讓他對臺中置產更保守

嚴謹，所幸過去念的是建築系，經多方打聽，最後買下大毅建設太平區的「植幸福」預售屋。

大毅植幸福社區基地規模達千餘坪，一樓全部規劃為公共設施，包括交誼廳、籃球場、健身房、圖書室還有環保室，僅留設一戶給大毅幸福教育基金會，做為該建設公司社區營造的據點。社區共兩百八十五戶，多是年輕小家庭，但是全體住戶多達七百餘人，管理起來並非易事。

廖明誠回憶，2015年社區甫完工、尚未成立管委會前，基金會就先對住戶廣發邀約，依照大家的專長與意願，收編進環保志工隊、園藝志工隊及圖書志工隊。

結果，社區環保室的分類多達二十二種，還可自製廚餘堆肥，回鍋油拿來製造家事皂；園藝志工負責社區植栽施肥、整土，規劃屋頂農園的棚架與租借；圖書志工則是協助社區圖書館的造冊與借還管理。社區志工默默付出，進而帶動其他人投入參與，產生強大的向心力與凝聚力。

大量的志工投入，更能為社區節省開銷。

廖明誠舉例，集合式住宅位在人工地盤上，如果覆土深度不夠，根系難以生長，綠化維護並不容易，但是植幸福每月的綠化維護費僅一萬八千元，「附近社區主委都覺得不可思議，因為他們每月耗資最高將近三十萬元。」關鍵在於，植幸福委外的園藝公司只

負責修剪工作，平日的施肥養護都是由園藝志工悉心打理，是社區綠意盎然的最大功臣。

社區住戶人數眾多也海納各行各業，某次社區水池的過濾馬達故障，向外詢價整修費用要七萬元，最後由從事水電業的住戶，只跟管委會索取一萬兩千元，再加上一手啤酒就完成修繕。

於是，省下來的經費更能花在刀口上，進行設備更新與優化。例如早年建設公司規劃的大廳沒有儲物空間，遭遇疫情期間團購、宅配爆量的窘境後，管委會於是加設儲物層架讓包裹排放更有秩序；另外，也導入智能保全系統讓夜間門禁更周全、裝設車道螢幕輔助系統提升住戶在社區內的行車安全、在管理室旁加裝AED設備（自動體外心臟電擊器）友善鄰里。

社區營造利人利己

植幸福自完工落成以來，積極參與各式各樣的社區評鑑，包括2015年的資源回收分級稽查、2016年獲得臺中市社區低碳認證、2017年臺中市優良公寓大廈評選大型新生組第一名、2021年成為太平區社區營造示範點、2022年獲得臺中樂居金獎的總錦標金獎。

管委會透過評鑑，讓硬體跟上法規與潮流，軟體服務也做得更細膩。例如隨著時令舉辦兒童節、母親節、中秋節、耶誕節等活動，創造鄰里互動、情感交流的機會。

優良的社區管理也包含軟體服務，提供鄰里互動交流的機會，例如社區兒童節繪畫活動。（圖片來源：大毅植幸福社區管委會）

　　一位退休多年的楊老師，從完工入住至今近十年，持續擔任園藝志工未歇，他認為：「社區營造不只利人，也是利己，透過幫助他人，自己生命能量也能有所展現。」

　　「比硬體設備，我們比不過又新又貴的高價社區，但是我們有許多願意分擔辛勞與分享快樂的鄰居，積極參與社區事務，這是植幸福最大的優勢，」廖明誠深刻體會：建築物本身只是空間載體，要讓空間洋溢幸福氛圍，靠的是社區良善的管理。

培力自治人才，
為宜居之城扎根

社區要朝永續發展，端賴自治管理及人才培力。為引領社區朝永續邁進，樂居金獎改為雙年獎後，第一年會舉辦一系列課程為管委會與物管人員賦能，第二年才進行評選，讓學習成果真正落實應用於社區。

愈來愈多臺中市民投入社區營造之列，顯示共好意識正逐漸普及。（圖片來源：臺中市政府都市發展局）

管理委員會是社區自治的起點。隨著都市化發展，1970、1980年後集合式住宅逐漸躍為主流，《公寓大廈管理條例》也於1995年問世，但成立管委會的會議人數須達所有權人的三分之二，2003年條例修正，門檻下修至所有權人的半數後，管委會得以遍地開花，社區自治逐步萌芽。

「社區管理得好，房價才會高，」擔任主委時期和社區住戶合力拿下樂居金獎最高榮譽的廖明誠不諱言，他無酬參與管委會事務是為了保障自身的財產價值，加上長年在建築景觀、社區營造的專業背景，所以做起來得心應手。

然而，有不少民眾雖有心投入社區營造之列，卻不知從何著手，其實非常需要專家引領。過去許多參與樂居金獎的社區並非志在得獎，而是想藉由了解評分機制，進而運用在社區管理上，由此顯示臺中社區的共好意識正逐漸普及。

因此，臺中樂居金獎自2023年進化為雙年獎2.0版本後，第一年便著重在社區人才培力上，舉辦一系列課程為管委會與物管人員賦能，第二年才進行評選，讓社區得以應用前一年的學習成果爭取獎項。例如2023年的培力年就針對了「社區綠化」及「節能減碳」兩大主題開設課程，邀請臺中集合式住宅管理者免費參與，結果參與人數超乎預期地踴躍。

住宅處也開辦「樂居學堂」，透過實體與線上的免費課程，

持續推廣公寓大廈相關法令知識。

住宅處強調，這些課程不是老師單方面授課，聽者必須帶著所學回到社區盤點資源，而後提出改善計畫，接著於社區施行，並在最後一堂課發表成果。透過實地操作讓理論落地，才能發揮實質成效，並列入下一年度樂居金獎的考評，完整參與培力課程的得獎社區，獎金還可以再加碼。

促老社區成立管委會

由於《公寓大廈管理條例》2003年才修正，全臺仍有為數眾多、屋齡逾二十年的集合式住宅並未設立管委會，且公共安全意外時有發生，探究主因往往是欠缺管委會這個關鍵要角，公共區域鮮少養護、消防設施老舊失修，導致意外發生，釀成身家性命損失的巨大悲劇。

於是臺中市由都市發展局全面盤點、由住宅處篩選出尚未成立管委會的社區進行輔導，目前主力鎖定六至七樓的公寓大廈。統計截至2024年5月，尚未成立管委會的社區約2,086件，住宅處會分期訪視、鼓勵居民成立管委會，儘管業務量龐大，但是凝聚社區居民意識是保障公共安全的重要基石，勢在必行。

住宅處也祭出獎勵誘因，老舊社區凡經輔導後設立管委會，補助金最高六萬元，可以挹注該社區公積金。為了加速行政效率，並

延續「樂居金獎」的品牌形象，住宅處更打造「樂居管家」一站式入口網站，直接線上申辦即可。

此外，根據《公寓大廈管理條例》規定，起造人申請使用執照前必須提撥一定金額做為管理公共基金，並交由地方政府保管。住宅處指出，1995年至2002年之間完工、但從未設立管委會的集合式住宅，若能盡快籌組管委會即可向政府申請該筆基金，對於改善老

在宜居城市的藍圖下，臺中市政府著力都市規劃之餘，也留下人情的溫度。（圖片來源：臺中市政府都市發展局）

舊公設是一大助力。

　　不僅如此，一旦成立管委會後，市府能提供更多資源挹注，除了專業諮詢，後續可申請《共用部分及約定共用部分維護修繕費用補助》、《原有住宅無障礙設施改善補助》等各項補助，有效提升居住品質，讓老舊社區再顯風華。

　　千金買屋、萬金買鄰，在「宜居城市」的藍圖下，臺中市政府

鼓勵社區成立管委會，不僅能凝聚社區居民共識，更是保障公共安全的重要基石。（圖片來源：大毅植幸福社區管委會）

不單從大範疇的空間規劃、都市更新、建築美學著力，更進入社宅、社區住宅，而且不只新屋姿態獨美，老舊社區也里仁為美，讓人情溫度成為宜居之城的深厚底蘊。

> **國際接軌**
>
> **社區共融，人際關係不再疏離**
>
> 丹麥 1980 年代誕生的合作住宅「楚德之林」（Trudeslund），嘗試回應現代集合式住宅造成的人際疏離問題。首先由二十個社經地位相近的家庭共組合作社，委託建築師打造一座集合式社區，除了有能保護隱私的住宅，其餘公用設施與其他家庭共享，例如廚房、洗衣間、兒童遊戲場，以促進鄰里互動。
>
> 社區成立十多個工作小組，要求所有成員參與，以利社區事務推動。居民還會每月排班煮飯，共享餐點，分攤小家庭日常備餐的負荷，社區至今仍運作順暢，成為佳話。
>
> 在臺中樂居金獎評選標準中，硬體設施與空間規劃之外，與人息息相關的社區營運及社區營造是評審最看重的，緊密的鄰里關係形同一張社會支持網，更能回應現代人對於「個人隱私」與「群體互助」兼具的生活期待。

附錄

基本底圖

- 港埠
- 空港
- 高鐵、臺鐵
- 高速公路／快速道路
- 河川、水系
- 縣市界

既有發展地區

- 都市計畫地區
- 鄉村區、特專區
- 工業區
- 開發許可地區

苑裡交流道
大甲交流道
后里交流道
大甲交流道
神岡交流道
后豐交流道
沙鹿交流道
臺中系統交流道
豐原交流道
龍井交流道
大雅交流道
臺中交流道
南屯交流道

附錄　253

臺中市整體空間發展規劃示意圖

需保護地區
- 藍綠帶環境資源
- 宜維護農地
- 海域生態資源

其他
- 鄉村地區整體規劃地區

未來發展地區
- 新增用地（重大建設型、生活型及產業型）

重大建設計畫

產業
- 太陽能光電系統

公共設施
- 水資源回收中心
- 淨水廠

公用事業
- 大安大甲溪水資源聯合運用

其他重大建設計畫
- 捷運綠線
- 捷運藍線
- 機場捷運
- 大平霧捷運
- 機場-高鐵捷運
- 機場-豐原捷運
- 高、快速公路

資料來源：《臺中市國土計畫》，2021年4月。

（圖片來源：臺中市政府都市發展局）

幸福的故事，持續編織中⋯
永遠的現在進行式

社會人文 BGB595

啟動幸福方程式
臺中，邁向永續宜居的實踐計畫

作者——楊茲珺、胡芝寧

企劃出版部總編輯——李桂芬
主編——楊沛騏
責任編輯——尹品心、李美貞（特約）
美術指導——李健邦
美術設計——楊慕儀、劉雅文（特約）
專案顧問——臺中市政府都市發展局

出版者——遠見天下文化出版股份有限公司
創辦人——高希均、王力行
遠見‧天下文化 事業群榮譽董事長——高希均
遠見‧天下文化 事業群董事長——王力行
天下文化社長——王力行
天下文化總經理——鄧瑋羚
國際事務開發部兼版權中心總監——潘欣
法律顧問——理律法律事務所陳長文律師
著作權顧問——魏啟翔律師
社址——臺北市 104 松江路 93 巷 1 號

讀者服務專線——02-2662-0012 | 傳真——02-2662-0007；2662-0009
電子郵件信箱——cwpc@cwgv.com.tw
直接郵撥帳號——1326703-6 號　遠見天下文化出版股份有限公司

製版廠——中原造像股份有限公司
印刷廠——中原造像股份有限公司
裝訂廠——中原造像股份有限公司
登記證——局版台業字第 2517 號
出版日期——2024 年 11 月 12 日第一版第 1 次印行

定價——NT 550 元
ISBN——978-626-355-980-6
EISBN——9786263559783（EPUB）；9786263559790（PDF）
GPN——1011301264
書號——BGB595
天下文化官網　bookzone.cwgv.com.tw

本書如有缺頁、破損、裝訂錯誤，請寄回本公司調換。
本書僅代表作者言論，不代表本社立場。

國家圖書館出版品預行編目(CIP)資料

啟動幸福方程式：臺中,邁向永續宜居的實踐計畫/楊茲珺, 胡芝寧著. -- 第一版. -- 臺北市：遠見天下文化出版股份有限公司, 2024.11
　面；　公分. --（社會人文；BGB595）
ISBN 978-626-355-980-6(平裝)

1.CST: 都市計畫 2.CST: 都市發展 3.CST: 臺中市

445.133/115　　　　　　　　　113015119